Elmar Träbert

RADIO-
AKTIVITÄT

WAS MAN WISSEN MUSS

Eine allgemeinverständliche Darstellung

Kiepenheuer & Witsch

MIX
Papier aus verantwor-
tungsvollen Quellen
FSC® C083411

www.fsc.org

Verlag Kiepenheuer & Witsch, FSC® N001512

1. Auflage 2011

© 2011, Verlag Kiepenheuer & Witsch, Köln
Veränderte und erweiterte Neuausgabe des Buches
»Radioaktivität – verständlich«,
erschienen 2007 bei Books on Demand GmbH, Norderstedt
Umschlaggestaltung: Barbara Thoben, Köln
Umschlagmotiv: © Camp's – www.fotolia.com
Gesetzt aus der Scala und der Scala Sans
Satz: Buch-Werkstatt GmbH, Bad Aibling
Druck und Bindung: CPI – Clausen & Bosse, Leck
ISBN 978-3-462-04378-5

KiWi
PAPERBACK
1245

Das Buch

Der Begriff »Radioaktivität« lässt aufschrecken, man denkt an etwas nicht Greifbares, schleichende Gefahren, Reaktorkatastrophen, schmutzige Bomben, an nukleare Verstrahlung und Verwüstung. Zwar haben Windscale/Sellafield, Tschernobyl und andere, weitgehend geheim gehaltene Unfälle mit kerntechnischem Material tatsächlich ganze Landstriche unbewohnbar gemacht, Menschen verstrahlt und manchen einen vorzeitigen Tod gebracht, aber für die weitaus meisten Menschen in der Welt blieben die Auswirkungen bisher unbedeutend.

Fukushima hat uns erneut aufgerüttelt. Nach dem Erdbeben und dem nachfolgenden Tsunami nordöstlich von Tokio trat eine weitere Katastrophe ins Blickfeld: die an einem Kernkraftwerk mit mehreren Reaktoren entstandenen Schäden, die Evakuierung von Zigtausend Einwohnern einer allmählich ausgeweiteten Region, die Befürchtungen für die Wasserversorgung Tokios, Radioaktivität im Meer ... Was bedeutet das für die japanische Bevölkerung, was für uns, die wir so fern von Japan leben?

Wer weiß schon, dass die natürliche Radioaktivität uns Menschen seit jeher begleitet, dass unsere Körperzellen seit jeher darauf eingestellt sind, Schäden durch radioaktive Strahlung oder andere Ursachen, sofern sie nicht zu häufig auftreten, zu reparieren? Aber wo liegen die Grenzen dessen, was wir gefahrlos verkraften?

Elmar Träbert stellt die physikalischen Zusammenhänge ohne Formeln dar, erläutert Strahlenarten, Strahlungsmessung, Strahlungsquellen (in Medizin, Kraftwerken und Waffentechnik) und den Umgang damit in allgemein verständlicher Weise. Er beschreibt Kernkraftwerke und deren Sicherheitsprobleme, Strahlentherapie, Uranmunition und Uranbergbau. Wer diese Zusammenhänge kennt, kann mit seinen eigenen Ängsten besser umgehen und einige davon vielleicht auch abbauen. Er kann auch durchschauen, was die verschiedenen Interessengruppen im Zusammenhang mit radioaktivem Material behaupten – und sich seine eigene Meinung bilden.

Der Autor

Elmar Träbert ist außerplanmäßiger Professor für Experimentalphysik an der Ruhr-Universität Bochum, wo er sich seit über dreißig Jahren mit der Atomphysik, vor allem an schnellen Ionenstrahlen, beschäftigt. Er forscht außerdem regelmäßig am Lawrence Livermore National Laboratory der University of California in den USA.

Vorwort zur ersten Ausgabe

»Radioaktivität ist etwas ganz Schlimmes« – aber was? Strahlenverseuchung, Tschernobyl, Atombombe sind zu Recht Schreckensbegriffe der Menschheit. Die größte Angst hat aber jeder vor Dingen, die man nicht kennt. Als die radioaktive Wolke aus Tschernobyl sich ausbreitete, glaubten manche Kleingärtner, sie müssten aus ihrem Gemüsegarten alles rausreißen, denn »da ist überall Atom drin!«. Auf Geheiß der Behörden wurden radioaktiv (leicht) belastete Salatfelder zwischen Bonn und Köln abgeräumt – und die billig erworbene Ernte wurde dann von findigen Holländern weiterverkauft. Mit der Angst vor Unbekanntem versuchen manche Politiker (die in vieler Hinsicht selbst nicht genug wissen und auch Angst haben), Zutrauen ausgerechnet zu ihnen selbst zu wecken. Horrorfilme bewirken Angst, solange man die Masken und Spezialeffekte nicht als solche durchschaut – wenn man das tut, kann man über die Filmtechnik staunen und oft über die Filmhandlung und die Schauspieler lachen.

Radioaktivität, Kernstrahlung, Kernkraftwerke, Atommüll und Atomwaffen sind aber nicht nur Schlagworte und Filmkulissen, sie existieren wirklich, und sie sind mit schrecklichen Gefahren verbunden – letzthin, im Fall des Geheimdienstlers Litwinenko, diente radioaktives Material sogar als Mordwaffe. Dennoch ist aber nicht alles schrecklich an der Radioaktivität: Sie ist ein natürlicher Prozess, der Zerfall instabiler Atomkerne. Ohne Radioaktivität gäbe es die Welt, die wir kennen, nicht – und uns selbst damit auch nicht. Wir Menschen sind selbst radioaktiv, und das schon immer, also lange, bevor die Wissenschaft die Radioaktivität bemerkt hat und sich mit ihr beschäftigt.

Wie in der Medizin, kommt es auch beim Umgang mit Radioaktivität auf die Dosis an. Bei vielen Medikamenten ist eine kleine Menge hilfreich und eine große Menge schädlich. Beim Essen ist eine kleine Menge vielleicht nicht ausreichend, um den Hunger zu stillen, aber viele von uns essen täglich eine kleine Menge zu viel, und das schadet der Gesundheit langfristig durchaus. Beim Umgang mit Radioaktivität hat noch niemand beweisen können, dass eine geringe Menge für ein lebendes Wesen von Vorteil wäre (auch wenn es Leute gibt, die so etwas behaupten); eine große Menge ist aber nachweislich schädlich. Unsere Körperzellen sind darauf eingerichtet, das Erbmaterial (DNS) in den wichtigen Zellen fortlaufend zu reparieren. Das ist offenbar nötig, weil eine Vielzahl von Strahlungen und von chemischen Einflüssen immer wieder zu Schädigungen führt. Die Evolution kommt also mit einem gewissen Maß an Strahlenschäden zurecht, sonst gäbe es unsere Vorfahren und uns selbst nicht. Diese natürliche Reparaturfähigkeit bietet uns Menschen die Möglichkeit, mit Radioaktivität technisch und medizinisch umzugehen und nützliche technische und medizinische Verfahren zu entwickeln und anzuwenden.

Gleichzeitig bestehen enorme Gefahren durch Kernwaffen und durch große Mengen radioaktiven Materials, insbesondere bei unsachgemäßem Umgang mit kerntechnischen Anlagen, Kernbrennstoffen und Atommüll. Das ist ein Gebiet starker politischer und wirtschaftlicher Interessen. US-Präsident Eisenhower schlug das internationale Programm »Atoms for Peace/Atome für den Frieden« 1953 in der Vollversammlung der Vereinten Nationen vor, nachdem die USA als Erste und bis dahin Einzige Atomwaffen eingesetzt hatten, die Sowjetunion aber in der Konstruktion von Atomwaffen bereits stark aufholte. Mit schlechtem Gewissen und angesichts wachsender Kritik schien es ratsam, friedliche Anwendungen der Kerntechnik (unter amerikanischer Aufsicht) zu propagieren, zum Beispiel Kernkraftwerke zu bauen und medizinische Möglichkeiten zu erforschen, während die Waffenentwicklung allenthalben weiterbetrieben wurde. Diese Vermengung von politischen, militärischen und wirtschaftlichen Interessen begleitet uns seither, mit der Verharmlosung der Gefahren der Kerntechnik durch die Befürworter und der Dämonisierung der Kernenergie durch ihre Gegner.

Versuchen wir, die Tatsachen im Blick zu behalten. Dazu möchte ich in diesem Buch erläutern, was Radioaktivität und Kernstrahlung sind, wie wir dauernd damit zu tun haben, sie messen, sie nutzen, uns vor ihnen zu schützen suchen oder uns ihnen ungewollt oder gewollt aussetzen. Es wäre schön, wenn Sie als Leser dann erkennen könnten, wo im Alltag Sie mit Radioaktivität zu tun haben, wo sie Ihnen eher nützt oder eher schadet.

Nein, dies ist kein Lehrbuch der Kernphysik und Kerntechnik. Wenn Sie sich trauen, dann lesen Sie in der im Anhang angeführten Literatur weiter. Kollegen aus der Bochumer Kernphysik haben zum Beispiel nach dem Reaktorunfall in Tschernobyl ein handliches Büchlein »Radioaktivität« zusammengestellt (H. von Buttlar und M. Roth, Berlin/Heidelberg: Springer-Verlag, 1990, im Handel vergriffen), in dem Sie die wichtigsten Formeln, Diagramme und etliche technische Beispiele finden, aber Sie sollten dazu schon einiges an Vorkenntnissen aus der Physik und Mathematik mitbringen. Die hat nicht jeder, und deshalb wurde ich gefragt, ob ich nicht eine Darstellung liefern könne, die solche Hürden nicht enthält.

Ich selbst bin kein Kernphysiker, sondern Atomphysiker (die beschäftigen sich mit der Elektronenhülle des Atoms, mit Licht, Lampen, Lasern usw.; Kernphysiker kümmern sich um den viel kleineren Atomkern und seine vieltausendmal höheren Energien, um die Physik, die für Kernwaffen, Kernkraftwerke und Kernmedizin benutzt wird). Damit stehe ich schon etwas außerhalb der Kernphysik und somit dem unvorbelasteten Publikum näher. Ich hoffe, auf meine fachfremde und untechnische Weise mich auch für die Leser verständlich auszudrücken, die diese Vorkenntnisse nicht haben, möchte aber dabei nicht ungenau sein. Ich hoffe allerdings auch, dass Sie des Öfteren feststellen werden, dass die Dinge eigentlich gar nicht so kompliziert sind (es sei denn, man beschäftigt sich beruflich damit – dann braucht es höchste Genauigkeit und große Detailkenntnis).

Mein Wunsch beim Schreiben ist der, dass Sie als Leser so viel Einsicht in das Wesen der Radioaktivität gewinnen, dass Sie anschließend angemessene Vorsicht walten lassen, aber keine unnötige Angst davor haben; dass Sie weder den Scharlatanen, die Ihnen die Kerntechnik als Wundermittel anpreisen, noch Leuten, die den nahen Weltuntergang ausmalen und ihn mit derselben Technik verknüpfen, so leicht auf den Leim gehen. So merkwürdig es klingen mag, Radioaktivität ist ein natürlicher Prozess. Was man daraus macht, wie man damit umgeht – das betrifft uns allerdings alle.

Bochum, im Herbst 2006
Elmar Träbert

Vorwort zur Neuausgabe

Fukushima hat uns 2011 neu aufgerüttelt. Diesmal gab es Fernsehbilder von den Erdbebenschäden in Japan und dem nachfolgenden Tsunami. Neben den unmittelbaren Verwüstungen an den japanischen Küstenorten nordöstlich von Tokio trat im Laufe von Tagen eine weitere, nukleare Katastrophe ins Blickfeld: die durch Erdbeben und Tsunami am Kernkraftwerk Fukushima I mit seinen mehreren Reaktoren entstandenen Schäden, die chaotische und verwirrende Informationspolitik der Betreiberfirma, die Schwierigkeit, überhaupt das wirkliche Ausmaß der Schäden festzustellen, die Evakuierung von Zigtausend Einwohnern einer allmählich ausgeweiteten Region, die Befürchtungen für die Wasserversorgung Tokios, Radioaktivität im Meer, Angst um Lebensmittel und Exporte, verkündete und zurückgezogene Messwerte für die Strahlenbelastung. Was bedeutet das für die japanische Bevölkerung, was für uns, die wir so fern von Japan leben, aber vielleicht schon dort waren und wieder hinreisen möchten?

War das »höhere Gewalt«, für deren Wirkungen man nicht genug vorsorgen konnte? Oder kann man in diesem Fall Parallelen zu Ereignissen und Vorgängen sehen, die in unserer Nachbarschaft geschehen sind und sich noch vollziehen? Hat die Diskussion um eine Energiewende, um die Abkehr von der Stromerzeugung durch Kernkraftwerke, nur ein drastisches Beispiel erhalten, das die einen als »untypisch und in Deutschland unmöglich« darstellen und in dem die anderen den Nachweis für ihre schon lange bestehenden Befürchtungen erkennen, oder gibt es hier wirklich neue Erkenntnisse? Ich habe im Lichte der Ereignisse in Japan meine frühere Darstellung an mehreren Stellen ergänzt und die Diskussion etwas zugespitzt sowie einen Namensfehler korrigiert – mehr Fehler haben meine bisherigen Leser anscheinend nicht gefunden. Das bedeutet natürlich nicht, dass keine Fehler mehr im Text stehen. Für sachdienliche Hinweise bin ich weiterhin dankbar.

Bochum, im Frühjahr 2011
Elmar Träbert

»So nah waren wir Tschernobyl noch nie!«

Im Juli 2006 schrillten die Alarmglocken. Störfall im schwedischen Kernreaktor Forsmark-1. Im Umspannwerk (zur Einspeisung der dort erzeugten Elektrizität ins schwedische Stromnetz) gab es einen Kurzschluss. Da musste der Kernreaktor schleunigst abgeschaltet werden, um nicht weiter Hitze für die Dampfturbinen zu liefern. Das funktionierte auch, aber ein Kernreaktor hört nicht binnen Sekunden auf, Wärme zu liefern. Das Kühlwasser, das die Wärme vom Reaktor wegführt, muss weiterhin bewegt werden, frisches Kühlwasser muss zugeführt werden. Die Pumpen dafür werden mit elektrischem Strom betrieben – aber ohne Umspannwerk war das Kraftwerk auch vom Strom von draußen abgeschnitten. Ohne Kühlung kann der Reaktorkern schmelzen, das überhitzte Kühlwasser kann als Dampf das Reaktorgefäß und das Schutzgebäude sprengen, Radioaktivität in großen Mengen die Umwelt verseuchen.

Für solche Fälle ist ein Notkühlsystem vorgesehen, für das der Strom von Dieselmotoren und angeschlossenen Generatoren geliefert wird – aber von den vier Notstromgeneratoren sprangen nur zwei an, und das reichte nicht. Die Betriebsmannschaft schaffte es, nach 20 Minuten die beiden anderen Notstromaggregate von Hand anzuwerfen; damit war die drohende Katastrophe abgewendet.

20 Minuten zum Anwerfen von zwei Dieselmotoren? Wieso dauerte das so lange? Weil auch ein großer Teil der Überwachungselektronik des Kernkraftwerks bei dem ersten Kurzschluss ausgefallen war; die Operateure wussten

also zunächst nicht, dass die Notsysteme nur unzureichend funktionierten, sie konnten den Zustand des Reaktors nicht überprüfen. Der Ausfall der Überwachung bewegte einen ehemaligen Konstruktionsleiter ebendieses Kernkraftwerks zu seiner (in der Überschrift dieses Kapitels zitierten) Einschätzung, wie bedrohlich nahe der Kernreaktor einer → Kernschmelze gekommen war – auch in Tschernobyl war dem Personal der Betriebszustand des Reaktors unklar; eine Reihe von Fehleinschätzungen führte dort zur Katastrophe. In Tschernobyl hatten Ingenieure ausprobieren wollen, ob nach dem Abschalten des Reaktors die restliche Leistung ausreichen würde, um noch genügend Strom für den Betrieb der Notaggregate und die Überwachungselektrik zu liefern – bei einer Trennung vom Stromnetz. In Forsmark erfolgte solch eine Trennung ungewollt.

Der Kernkraftwerksunfall von Tschernobyl (1986) wurde zunächst von den Betreibern und der sowjetischen Regierung verheimlicht. Die Strahlenmessgeräte am Kraftwerk Forsmark (ebenjenes, das 2006 an einer Katastrophe vorbeischrammte), über tausend Kilometer entfernt, schlugen damals ein paar Tage später Alarm – sie waren für das Aufspüren von aus dem Haus geschleppter Radioaktivität eingebaut worden, aber damals war die Radioaktivität der Luft draußen höher als die drinnen im Kraftwerk!

Nach Forsmark 2006 wurden die üblichen Untersuchungen angestellt, wurde versucht herauszufinden, ob solch eine Panne auch anderswo hätte geschehen können. Ja, das Problem mit den Notstromaggregaten hätte auch anderswo auftreten können, sagten zum Beispiel Leute der AEG, die seinerzeit an Elektroinstallationen in Forsmark mitgebaut hatten. (Die AEG ist inzwischen aus diesem Geschäft ausgestiegen, sie muss also keine diesbezüglichen Geschäftsinteressen mehr wahren.) »Aber nicht an deutschen Reaktoren« – sagen deutsche Interessengruppen. Kann man beweisen – oder wenigstens erläutern –, warum deutsche Kernreaktoren dieses (unerwartete) Problem nicht haben werden? Nein, solche Einzelheiten möchte man nicht öffentlich diskutieren, »aus Sicherheitsgründen«.

Die Bevölkerung soll solchen Äußerungen *glauben*, soll *Vertrauen haben*. Als Wissenschaftler bin ich darauf trainiert, Wissen zu schaffen, Vermutungen durch Experimente zu überprüfen. Natürlich kenne ich mich nicht auf allen Gebieten aus, auch ich muss auf die Ehrlichkeit, Professionalität und Gewissenhaftigkeit meiner Fachkollegen *vertrauen*. Deren Arbeiten sind innerhalb des Wissenschaftsbetriebes aber im Prinzip überprüfbar, anders als die Äußerungen von Wirtschaftsverbänden, Firmen oder Behördenvertretern, die sich gegen manche Begehren nach Auskunft hinter Schutzwälle im Rahmen der *nationalen Sicherheit* zurückziehen.

Die schwedischen und finnischen Strahlenschutzbehörden (Forsmark liegt der finnischen Küste gegenüber) halten den Vorfall im Kernkraftwerk Forsmark im Nachherein für »sehr ernst«, aber eine Kernschmelze sei nicht zu erwarten gewesen. Wieso nicht? Weil nach vielen Mühen schließlich doch noch zwei (von vier) Notstromgeneratoren ansprangen und funktionierten? Das war während des Störfalls aber nicht einmal klar.

Forsmark erscheint (weil es gut ausging) wie ein Bagatellfall. Es gibt aber Leute, die meinen, nach nur weiteren drei Minuten ohne Elektrizität (und damit Betrieb der Kühlwasserpumpen) hätte eine Kernschmelze beginnen können. Es ist genau so ein Szenario, das – abgesehen von äußerer Gewalteinwirkung durch Naturkatastrophen oder Flugzeugabsturz – den Experten die größte Sorge bereitet: Die Verbindung zum Stromnetz draußen versagt ebenso wie die eigene Notstromversorgung. Im japanischen Kraftwerk Fukushima sorgten im März 2011 Erdbeben und Tsunami für genau diese Kombination. Die Verbindung zum landesweiten Stromnetz riss ab; die Wassermassen überstiegen die hohe Schutzmauer, die Notstromdiesel lagen stark beschädigt unter Wasser und sprangen nicht mehr an. Kraftwerksregelung und Reaktorkühlung versagten. Es dauerte mehrere Tage, bis wieder eine Kabelverbindung zum Kraftwerksgelände hergestellt werden konnte, durch das Erdbeben- und Tsunami-geschädigte Gebiet hindurch. In der Zwischenzeit geschahen in den Kraftwerksblöcken viele Dinge, über die man im Einzelnen nur spekulieren kann, weil die Mess- und Überwachungsgeräte ohne ihren Stromanschluss nicht mehr funktionierten und der Außenwelt keine Messwerte übermitteln konnten. Aus technischer Sicht ist klar, was da innerhalb des Reaktorsicherheitsgefäßes alles passieren kann und vorgehen muss, aber in einer solchen Situation kann man es nicht mehr beeinflussen.

Was hätte denn in Forsmark oder Fukushima noch passieren können? Hätte der Reaktorkern schmelzen, das Kraftwerk explodieren und große Teile Schwedens bzw. Japans radioaktiv verseuchen können? Was ist überhaupt »Radioaktivität«? Woher stammt sie, ist sie nur schädlich, kann man sie sinnvoll nutzen – und wenn, wie? Kann man das auch ohne technisch-wissenschaftliches Kauderwelsch erklären? Das versuche ich in diesem Buch.

Dazu müssen wir aber zunächst einen (scheinbar) langen Umweg gehen, durch Milliarden von Jahren, in die Frühzeit unseres Universums. Keine Bange, ich begleite Sie auch wieder zurück. Und danach sehen wir uns gemeinsam an, welche Rolle Radioaktivität in unserem heutigen Leben spielt.

Natürliche Radioaktivität

■ Strahlen von oben und von unten:
Sonnenenergie und Erdwärme

Das Weltall ist kalt, sehr kalt. Wo wir leben, auf der Erde, ist
es etwa hundert Mal wärmer, als es für das Weltall typisch
ist. Hier zeigt das Thermometer ungefähr 300 Kelvin, die
→ kosmische Hintergrundstrahlung (nicht erschrecken,
das erkläre ich gleich noch!) weist eine Temperatur von
knapp 3 → Kelvin auf. Das ist der Rest eines einst sehr,
sehr heißen Feuers, einer Explosion (»Big Bang« oder Urknall), in der unser Universum vor so etwa 14 Milliarden
Jahren entstand.

Woher wissen wir das – da war doch niemand dabei
und hat es aufgeschrieben? Und wenn, könnten wir die
Aufzeichnungen lesen, würden wir ihnen glauben? Wohl
kaum. Wir beobachten unsere Umwelt und stellen fest,
wie eine heiße Kaffeetasse abkühlt. Wenn uns der Kaffee
lauwarm serviert wird, gehen wir dennoch davon aus, dass
er zunächst heiß aufgebrüht wurde, weil nur dann das
Aroma aus den gemahlenen Kaffeebohnen in das Wasser übergeht. Wenn der heiße Kaffee in eine vorgewärmte
Kanne oder Tasse gegossen wird, bleibt er länger warm
als mit anfangs kaltem Geschirr, aber früher oder später
kühlt er doch ab, gibt Wärme an die Umgebung ab, sei
es durch die Berührung mit dem Geschirr oder der Luft.
Selbst wenn wir eine Thermosflasche verwenden, die mit-

eine andere Geschichte. Vielleicht doch nicht ganz: Es gibt Leute, die den weltweiten Ausbau der technischen Energienutzung – einschließlich Kernkraftwerken – für die Klimaveränderungen mit verantwortlich machen, und es gibt Leute, die den Ausbau der Kernenergiewirtschaft als Hilfsmittel gegen eine besondere Erwärmung propagieren. Blicken Sie da noch durch?

■ Winzlinge

Alles, was wir als Materie um uns herum wahrnehmen, besteht aus Atomen und Molekülen. Das Wassermolekül, H_2O, besteht aus zwei Wasserstoffatomen (H) und einem Sauerstoffatom (O). Jeweils zwei freie Wasserstoffatome schließen sich gern zu einem Wasserstoffmolekül (H_2) zusammen, je zwei freie Sauerstoffatome zum Sauerstoffmolekül O_2. Freie Atome gibt es eigentlich auf Dauer nur bei den »Edelgasen« (Helium, Neon, Argon, Krypton, Xenon, Radon). Diese Atome gehen ungern Bindungen ein, weder mit gleichartigen Atomen noch mit denen anderer Elemente.

Die Bindungen zwischen den Atomen werden durch die Elektronen der Elektronenhülle jedes Atoms vermittelt. Diese Elektronen im Atom sind in unterschiedliche Energiestufen einsortiert; solch eine Stufe oder Schale ist voll, wenn sie zwei oder acht Elektronen enthält. Kommen noch mehr dazu, müssen sie in Schalen höherer Anregungsenergie einsortiert werden. Das ist gleichzeitig eine Schale geringerer Bindungsenergie, das heißt, es ist auch einfacher, dem Atom solche Elektronen zu entreißen. Atome, in deren äußerer Schale keine acht Elektronen zu finden sind, verhandeln mit anderen Atomen darüber, ob sie sich nicht Elektronen teilen können, sodass jedes so aussieht, als hätte es die bevorzugte Anzahl. Ganz Rabiate reißen den Nachbarn Elektronen weg, dann sind aber beide Partner geladen und ziehen einander elektrisch an. Es werden Moleküle gebildet.

Der langen Rede kurzer Sinn: Wir sprechen von 92 verschiedenen, natürlich auftretenden Elementen (Atomsorten), die eine Vielzahl (Millionen und Abermillionen) verschiedener Moleküle bilden können, indem sich zwei, drei oder mehr Atome meist verschiedener Elemente durch teilweisen Elektronenaustausch miteinander verbinden. Die Struktur (räumliche Anordnung und Bindungsenergie) der Elektronen in der äußersten Elektronenschale bestimmt, welche Atome wie zusammenpassen – das macht die Chemie aus, die Lehre von der Umwandlung der Stoffe. Sortiert man die Elemente nach ihren chemischen Eigenschaften, so zeigen sich bestimmte Ähnlichkeiten; die Elemente lassen sich nach diesen Ähnlichkeiten in ein periodisches System der Elemente einordnen – wie zum Beispiel die bereits angeführten Edelgase.

Worin unterscheiden die sich eigentlich voneinander? Ihre Atome sind unterschiedlich schwer. $6 \cdot 10^{23}$ Atome des Gases → Helium (eine Zahl mit 23 Nullen!) wiegen zusammen 4 g, die von Neon etwa 20 g, von Argon etwa 40 g, von Krypton etwa 86 g, von Xenon etwa 127 g und von → Radon etwa 222 g. Sie kennen Heliumballons, Neonröhren als Leuchtreklamen, Argon als Schutzgas beim Schweißen (Argon ist von allen diesen Edelgasen das auf der Erde häufigste und billigste), Krypton in Glühlampen, Xenon in modernen Autoscheinwerfern.

Wir wollen nicht ausrechnen, wie viel jeweils ein Atom wiegt, sondern wir wollen Prinzipien erkennen und nutzen. In den Atomen gibt es einen Kern und eine (Elektronen-)Hülle. Die Elektronen sind leicht, die Bestandteile des Kerns sind schwer. Fast das ganze Gewicht des Atoms liegt bei den Kernbausteinen, den Nukleonen. Jeder von ihnen wiegt etwa 1836-mal mehr als ein Elektron. Es gibt zwei Sorten solcher Kernbausteine, elektrisch neutrale (Neutronen) und elektrisch positiv geladene (Protonen). Die Protonen ziehen die negativ geladenen Elektronen an, bis genau gleich viele elektrische Ladungen beider Sorten versammelt sind und das Atom nach außen hin neutral erscheinen lassen. Die Zahl der Elektronen, die – wie oben erläutert – die chemischen Eigenschaften bestimmt, ist also genauso groß wie die Zahl der Protonen im Kern. Sortieren wir die Elemente nach der Zahl der Protonen (das ist die Kernladungszahl Z), so ergibt sich eine eindeutige Reihenfolge als Grundlage des Periodensystems.

Die Neutronen wiegen fast genauso viel wie die Protonen und sind auch praktisch gleich groß. Zwar stoßen die positiv geladenen Protonen einander elektrisch ab, aber die anziehenden Kernkräfte zwischen den Nukleonen (Protonen und Neutronen) sind noch stärker und halten die Nukleonen zusammen, sodass sie einander berühren. Wie groß sind die Dinger denn überhaupt? Zehn Millionen Atome nebeneinandergelegt machen einen Millimeter aus, von den Nukleonen braucht man für die gleiche Strecke tausend Milliarden. Winzlinge!

Von den Neutronen kann es in einem Atomkern unterschiedliche Anzahlen geben, das wirkt sich in kleinen Effekten aufgrund des Gewichtsunterschiedes der Atome aus. Ich werde darauf noch eingehen. Im Helium-Atomkern finden wir zwei Protonen und zwei Neutronen, also 4 Nukleonen. Neon hat 10 Protonen und meist 10 Neutronen, also 20 Nukleonen; Argon 18 Protonen und meist

22 Neutronen, also 40 Nukleonen ... wie war das mit den Gewichten der Atome? Richtig: Die bestimmte große Zahl (die Avogadro-Konstante oder Loschmidt-Zahl) von Atomen gehörte zu 4g Helium, 20g Neon, 40g Argon usw. Auf einer passend gewählten Skala (mit dem Kohlenstoff- → Isotop C-12 als Aufhänger) sind die Atomgewichte nahe den Massenzahlen (Zahl der Nukleonen). Das ist praktisch und wird uns noch oft wieder begegnen.

Schön und gut, das sind die Elemente, die wir kennen. Wo stammen die her? Gab es die schon immer? Bleiben die für immer?

■ Wir sind Sternenstaub

Das Weltall, in dem wir leben und das wir nachts leuchten sehen, ist nach dem derzeitigen Stand der Erkenntnis etwa 14 Milliarden Jahre alt, unser Sonnensystem, also Sonne und Planeten, erst etwa 4,7 Milliarden Jahre. Der Stoff, aus dem wir bestehen, kann also schon einiges erlebt haben – und das hat er.

Uns fehlen noch die Mittel, das Universum in seinem Anfangszustand wissenschaftlich korrekt zu beschreiben, weil sein Zustand so – in jeder Hinsicht – extrem (heiß, klein, energiereich) war, dass alle Vergleiche mit unserer heutigen Erfahrung scheitern. Die Wissenschaftler, die sich mit diesem Thema beschäftigen, gehen aber davon aus, dass sie sehr wohl beschreiben können, wie die Verhältnisse eine Milliarde Jahre, eine Million, tausend Jahre, ein Jahr, einen Tag, eine Sekunde oder gar noch kürzer nach dem »Anfang«, dem Großen Knall (Urknall, *Big Bang*), waren. Nicht, dass nicht noch Meinungsunterschiede über etliche Einzelheiten bestünden, aber im Wesentlichen sind sich die (meisten) Experten einig.

Das Weltall war noch klein und darin so viel Energie, dass Elementarteilchen, die sich bildeten, gleich wieder zerstört wurden. Mit der Ausdehnung dieses Feuerballs sank seine Temperatur, sodass im Laufe der Minuten, Stunden, Tage, Jahre, Jahrtausende, Jahrmillionen endlich nicht mehr alle Teilchen ihre → Antiteilchen fanden und wieder zerstrahlten (durch eine kleine Asymmetrie in den physikalischen Gesetzen starb die Antimaterie sogar fast aus), sondern die Grundbausteine »unserer« Materie überlebten: Protonen, Neutronen und Elektronen. Strahlung – im engeren Sinne, zum Beispiel Licht (Photonen) und Neutrinos – und Materie wurden nicht mehr fortlaufend ineinander umgewandelt, sondern trennten sich in ihrer Entwicklung. Die Strahlung kühlte sich mit der Ausdehnung des Universums ab; was davon noch übrig ist, nennen wir heute kosmische Hintergrundstrahlung. Sie zeigt eine Temperatur des Universums von heute 2,7 Kelvin an. Weil es sie gibt und weil sie so ist, wie sie ist, können wir auf den Urknall schließen.

Was aber war mit den Teilchen? Aus einer Regenwolke fallen Tropfen oder Schneeflocken (manchmal auch Hagelkörner), aber keine großen Brocken. Aus der heißen Energiesuppe kondensierten einzelne Teilchen, aber keine großen Gebilde. Wenn die einzelnen Teilchen zufällig mit anderen zusammenstießen, gab es manchmal Trümmer, manchmal blieben die Teilchen aneinander haften. Protonen können nicht an anderen Protonen haften, weil sie sich wegen ihrer elektrischen Ladung gegenseitig stark abstoßen. Freie Neutronen (außerhalb eines Atomkerns) leben nur etwa 15 Minuten, bevor sie sich in ein → Proton verwandeln und dabei ein Elektron (und ein Antineutrino) aussenden. Genauer gesagt, nach der → Halbwertszeit von etwa 15 Minuten ist die Hälfte aller ungebundenen Neutronen, die sie im Neutronensupermarkt in Ihre Einkaufstasche gefüllt haben, zerfallen, nach weiteren 15 Minuten ist nur noch die Hälfte vom Rest vorhanden und so weiter. Welche der Neutronen als nächste zerfallen, können wir nicht vorhersagen (sonst würden Sie beim Einkauf die herauspicken wollen, die noch lange leben). Fünfzehn Minuten Halbwertszeit im Vergleich zu den 14 Milliarden Jahren Alter des Universums: Auch wenn es mal viele freie Neutronen gab, sie sind inzwischen praktisch alle weg.

Aber Neutronen gibt es noch – gut verpackt und dadurch wohlkonserviert. Ein Neutron, das sich mit anderen Baryonen zusammenschließt, kann beliebig lange leben. Baryonen sind die »schweren« Teilchen (Neutronen, Protonen), die aufeinander die »starke Wechselwirkung« ausüben, die Kernkraft, die die Atomkerne zusammenhält. Ein → Neutron und ein Proton zusammen bilden ein → Deuteron. Zwei Neutronen zusammen oder zwei Protonen zusammen bilden kein stabiles Teilchen, es zerfällt sofort wieder. Ein Neutron und zwei Protonen halten es miteinander aus, ebenso wie zwei Neutronen und ein Proton – aber es ist selten, dass drei Teilchen einander so treffen. Wir werden noch auf diese Teilchen zurückkommen.

Zwei Neutronen und zwei Protonen, das müsste ja noch seltener sein, aber dieses neue Teilchen (das man sich aus zwei Deuteronen zusammengesetzt denken kann) ist besonders stark gebunden. Das heißt, wenn es einmal entstanden ist, kostet es besonders viel Mühe (Energie), es wieder aufzubrechen. Dieses Gebilde verdient einen eigenen Namen, »Alpha«, und wird uns noch oft wiederbegegnen. Durch Stöße von bereits zusammengesetzten

Teilchen können gelegentlich auch mal größere Brocken entstehen, zum Beispiel solche mit drei Protonen und mehreren Neutronen. Inzwischen hat sich das Universum aber weiter ausgedehnt, ist die heiße Energiesuppe dünner geworden (in größerem Raum verteilt) und abgekühlt. Die Chancen, dass einzelne Teilchen andere überhaupt treffen, sind drastisch gesunken. Die Elementbildung ist zunächst vorbei.

Was haben wir bis jetzt? Teilchen mit nur einem Proton und solche mit einem Proton und einem oder zwei Neutronen. Die werden später die Kerne von Wasserstoff (Kernladungszahl 1) und seinen zwei schweren Isotopen → Deuterium und → Tritium (Tritium ist nicht stabil, es zerfällt unter Umwandlung eines seiner Neutronen in ein Proton). Die Teilchen mit zwei Protonen und meist zwei (ab und zu nur einem) Neutronen werden die Kerne des Edelgasatoms Helium bilden, die mit drei Protonen Lithium. Das ist alles.

Es dauert noch viele Hunderttausend Jahre, bis das Universum so weit abgekühlt ist, dass Elektronen, die sich mit den Kernen zu Atomen zusammenlagern wollen, durch die intensive und energiereiche (»heiße«) Strahlung nicht gleich wieder abgetrennt werden. Erst dann gibt es stabile Atome, viele vom Wasserstoff, etwa ein Viertel dieser Zahl von Helium und noch viel weniger von Lithium.

Wir bestehen zum größten Teil aus Kohlenstoff, Stickstoff und Sauerstoff (Kernladungszahlen 6 bis 8), laufen über Steine mit viel Silizium (Kernladungszahl 14), fahren Autos aus Stahl (Eisen hat die Kernladungszahl 26), bewundern Schmuck aus Gold (Kernladungszahl 79) und betreiben Kernkraftwerke mit → Uran (Kernladungszahl 92). Wo kommt das Zeug her, wenn nicht aus dem Urknall? Da muss in den 10 Milliarden Jahren zwischen dem Urknall und der Entstehung unseres Sonnensystems wohl noch etwas mehr passiert sein ...

Wir verlassen das Gebiet der Kosmologie und Elementarteilchenphysik und betreten das Gebiet der Astronomie und Astrophysik – wir brauchen Sterne. Die aus der heißen Energiesuppe ausgefrorenen Nukleonen, Nukleonengruppen und Elektronen streifen durch das Weltall, einige treffen zusammen und bilden Atome. Durch zufällige Schwankungen (und unter Mitwirkung der »dunklen Materie«, deren Erforschung erst vor Kurzem begonnen hat) entstehen riesige Wolken. Solche Wolken können sich unter ihrem eigenen Gewicht zusammenziehen; dabei steigen allerdings der Druck und die Temperatur in ihrem Innern und verlangsamen das Zusammenfallen. Wärmestrahlung befördert überschüssige Energie nach draußen, die schnellsten Teilchen verdampfen aus der Wolke, sodass sie endlich weiter schrumpfen kann. Wenn die Wolke anfangs groß genug war, kann sie so weit schrumpfen, dass im Gleichgewicht zwischen Schwerkraft (nach innen) und Strahlungsdruck (nach außen) die Temperatur im Innern der Wolke ausreicht, um sie sichtbar leuchten zu lassen. (Die Wärmestrahlung liegt meist im für uns unsichtbaren Infrarot.) Sichtbares Licht hat Energien im Bereich von 2 bis 3 eV (Elektronvolt). Das sind Energien, die für chemische Umwandlungen typisch sind. Damit kann man den Herd heizen, aber keinen Stern betreiben. Sichtbares Licht, wie von unserer Sonne, entspricht der Wärmestrahlung eines Objektes, das etwa 5000 bis 6000 Kelvin heiß ist – wie die Oberfläche der Sonne, unseres Sterns.

Die Wolke muss also noch viel weiter zusammensacken, Druck und Temperatur im Innern müssen weiter ansteigen. Derweil leuchtet die Oberfläche im sichtbaren Licht. Wenn es im Innern wenigstens zehn Millionen

Grad heiß ist, rasen die Teilchen (vorwiegend Protonen aus dem Urknall) dort so schnell umher, dass einige von ihnen die elektrische Abstoßung der Protonen untereinander überwinden können. Dann können – auf Umwegen mit etlichen Zwischenstufen – durch Kernreaktionen aus ehemals vier Protonen Gruppen von zwei Protonen und zwei Neutronen werden. Richtig, das sind Alphateilchen. Die sind besonders stabil, ihre Bestandteile besonders fest aneinander gebunden. Diese Bindungsenergie wird bei der Bildung des Alphateilchens, die wir Fusion nennen, freigesetzt und heizt den Ofen weiter an. Das ist der funktionierende Fusionsreaktor, er wird mit Protonen (Kernen des Wasserstoffatoms) betrieben und liefert als Endmaterial Alphateilchen (Kerne des Heliumatoms) und Energie. Für jedes fertige Alphateilchen sind das Energien von mehreren (rund 28) MeV (Millionen Elektronvolt), also Millionen Mal mehr als bei chemischer Verbrennung (wie von Kohle, Gas oder Öl).

Diese Energie wird letztlich in Bewegungsenergie der Teilchen in der Gaswolke umgewandelt; deren Temperatur steigt, und was heiß ist, leuchtet: ein Stern. Können wir solche Energiegewinnung nicht auch auf der Erde einsetzen? Was braucht man dazu: Genügend viele Teilchen auf kleinem Raum und bei genügend hoher Geschwindigkeit lange genug beieinander, damit irgendwann die Zusammenstöße (die meist schiefgehen) genau so passieren, dass die Fusion möglich ist. Hohen Druck und hohe Temperatur für sehr kurze Zeit kann man mit einer → Atombombe erzeugen, als Zünder einer Fusionsbombe, der → Wasserstoffbombe. Das ist sicherlich kein erstrebenswerter Weg zum Betreiben eines Kraftwerkes. Soll das sanfter, »kontrolliert« ablaufen, so besteht das Problem darin, das heiße Gas lange genug und gleichzeitig fest genug einzuschließen, sodass genügend viele von den seltenen Fusionsreaktionen stattfinden können. Es gibt aber kein Gefäß, das solche Temperaturen aushielte, und Magnetfelder solch hoher Stärke und geometrischer Genauigkeit sind schwierig zu erzeugen. Ja, es ist schon gelungen, Fusionen im Laboratorium ablaufen zu lassen, aber nach 50 Jahren intensiver Forschung sind wir noch nicht so weit, damit ein Kraftwerk zu betreiben. Die Versuchsgeräte werden immer größer und teurer – wir wissen ja, in Sonnengröße funktioniert das Prinzip! (Auf die Fusion im Labor gehe ich gegen Ende dieses Buches ein.)

Zurück zu unserem Stern. Wenn er so viel Wasserstoff enthält wie unsere Sonne oder auch bis zu einem Drittel mehr, kann er viele Milliarden Jahre recht stabil arbeiten und einen großen Teil seines Wasserstoffs (eigentlich nur Wasserstoffkerne) in Helium(-kerne) umsetzen. Dabei schrumpft der Stern etwas, wird innen noch ein wenig heißer, schließlich kann auch ein Teil des Heliums zu schwereren Kernen wie Kohlenstoff und Sauerstoff verbrennen. Und dann kühlt der Stern über viele weitere Milliarden Jahre hinweg langsam ab und aus. Das schafft uns keine schweren Elemente.

Wenn die anfängliche Gaswolke aber größer war, sodass zu dem Zeitpunkt, als das Wasserstoffbrennen einsetzte, der neue Stern viel mehr Material enthielt (mindestens das 1,4-Fache), dann entwickelte sich der Stern anders: schneller, gewaltiger, instabil, explosiv. Dann sind Druck und Temperatur im Innern viel höher, die Fusionsreaktionen laufen schneller ab, der Stern wird instabil. Es gibt viele verschiedene Sterntypen, die instabil sind, in der Helligkeit schwanken oder gar explodieren. Es gibt auch solche, deren Inneres sich plötzlich umorganisiert und blitzschnell schrumpft. Dann bricht das Äußere des Sterns zusammen, stürzt dem Kernmaterial nach und prallt auf den neuen Sternkern. Dabei entsteht ein enormer Druck, der die Fusion fördert und über die zusätzliche Hitze den Druck weiter erhöht. Eine extrem starke Druckwelle läuft nach außen (als Stoßwelle, wie ein Überschallknall), dem herabstürzenden Material entgegen, und sprengt einen großen Teil des Sterns ab, mit ungeheurer Energie und Aussendung von Licht – eine Supernova. Im Krebs-Nebel sehen wir noch heute die sich weiter ausdehnende Wolke von einer Supernova, deren Licht die Erde im Jahr 1054 erreichte, und den Reststern, der zurückblieb.

In dem Sternzusammenbruch und seiner Explosion kommen unter höchstem Druck und sehr hoher Temperatur die bisher vorhandenen Atomkerne und freien Elektronen lange genug (winzige Sekundenbruchteile!) und eng genug zusammen, sodass sie zu größeren Brocken von Kernmaterie zusammenklumpen können, dem Ausgangsmaterial für schwere Elemente. Bei Weitem nicht jede Kombination von Neutronen und Protonen bildet einen stabilen Atomkern; schnell wandeln sich die Brocken um, aus Neutronen werden Protonen (und umgekehrt), wenn das sich vorteilhaft auf die Bindungsenergie auswirkt; überschüssige Baryonen und Elektronen (oder deren Vettern mit positiver Ladung, Positronen) werden ausgesandt, überschüssige Energie in Form von hochenergetischer Photonenstrahlung (Gammastrahlung) abgegeben. Die Atomkerne sind hochaktiv und senden Strahlung (Teilchen und Photonen) aus (Radius ist das lateinische Wort für Strahl) – das ist extreme Radioaktivität. Materie reorganisiert sich so, dass das Ergebnis Teilchen höherer Bindungsenergie sind.

Eigentlich dasselbe wie ein Bergrutsch im Gebirge; die Trümmer rutschen unter Wirkung der Schwerkraft ab, bis

nen. »Sichtbares Licht« ist Licht, das *wir* sehen können, also Licht, in dessen Beleuchtung wir unsere Umwelt sehen. Einige Schlangen nutzen zum nächtlichen Orten ihrer Beute Infrarotlicht (Wärmestrahlung), Bienen sehen auch Licht im nahen Ultraviolett.

Menschen schützen zwar ihre Augen mit Sonnenbrillen vor zu viel Licht, aber viele setzen ihre Haut der nahen Ultraviolettstrahlung (→ UV-A, UV-B) aus. Diese Strahlung mit ihren etwa 3 bis 4 eV (Elektronvolt) Photonen-Energie kann Moleküle in den Hautzellen zerlegen, was häufig zum Zelltod führt. Sterbende Zellen vergiften den Körper; wenn es zu viele in einem Bereich sind, gibt es schmerzende Brandwunden: Sonnenbrand ist ein *Strahlenschaden*. Die Haut versucht sich zu schützen, indem Melaninmoleküle, die Licht gut verschlucken (deshalb die dunkle Farbe, bei dieser Lichtabsorption brechen die Moleküle aber auch selbst auf), in obere Hautschichten verlagert und so tiefere Hautschichten vor zu viel schädigendem Ultraviolettlicht bewahrt werden. Dieses Anzeichen von Strahlenschädigung der Haut gilt bei den blassen Kaukasiern als eine erstrebenswerte Hautbräune, während in manchen anderen Weltregionen (zum Beispiel in Regionen Südindiens) eine durch Sonnenabstinenz gepflegte, vornehme Blässe der gehobenen sozialen Schichten demonstrieren soll, dass man selbst nicht an der freien Luft schuften muss.

Röntgen- und Gammastrahlung zählen zur »ionisierenden Strahlung«; wenn diese auf Materie trifft, reißt sie Elektronen von den Atomen ab; die Elektronen übernehmen den Großteil der Überschussenergie und können damit weitere Moleküle treffen und stören oder zerstören. Ein einzelner Treffer kann eine biologische Zelle ruinieren; ein Treffer in der → DNS (Erbinformation), RNS oder ähnlichen Riesenmolekülen in den Körperzellen kann die Steuerprogramme der Zellen außer Betrieb setzen. Es geschehen andauernd so viele solcher Schädigungen, dass die Zellen Reparaturroboter-Moleküle betreiben, die möglichst schnell Schäden feststellen und exakt reparieren. Nach Abschätzungen geht die Reparatur allenfalls einmal in einer Milliarde Schadensfälle schief, andernfalls könnten komplexe Lebensformen längerfristig nicht überleben. Im Normalbetrieb halten die Reparaturmoleküle mit den üblichen Schädigungen Schritt; der Organismus funktioniert trotz der fortwährend neu auftretenden Schäden weiter – es sei denn, es werden zu viele. Ein einzelner Schaden in einem DNS-Molekül wird meist problemlos korrekt behoben, Doppelschäden im selben Molekül viel seltener, bei drei und mehr gleichzeitigen Schäden sind die Reparatur-Arbeiter wohl überfordert. Meist stirbt dann die Zelle, manchmal treten Mutationen oder Fehlentwicklungen auf.

Kann man sich vor der Höhenstrahlung nicht schützen? Es gibt physikalische Experimente, bei denen versucht wird, der Höhenstrahlung (vor allem Müonen) auszuweichen. Wissenschaftler ziehen sich dazu in ehemalige Bergwerke oder in Straßentunnel unter hohen Gebirgen zurück. Unter etwa zwei Kilometer Gestein ist man dann weitgehend gegen die Höhenstrahlung abgeschirmt, aber die natürliche Radioaktivität des umliegenden Gesteins und der Materialien der Messgeräte lässt sich nicht unterdrücken und spielt dann eine Rolle. Den Neutrinos ist das eh egal, die kommen auch problemlos von unten, durch die Erde.

Könnte man die Menschheit vor einer Supernovaexplosion in der kosmischen Nachbarschaft schützen, indem man sie in solche Bergwerke sendet? Vorübergehend ja, aber je nach Abstand zum Explosionsort würde die inten-

sive Strahlung die Erdatmosphäre und die Ozeane aufheizen, vielleicht sogar ganz verdampfen sowie alle Tiere
und Pflanzen an und nahe der Oberfläche töten, dazu die
Erdoberfläche radioaktiv machen. Vielleicht würde sich
das Leben innerhalb von ein paar Hunderttausend oder
ein paar Hundert Millionen Jahren aus irgendwelchen
Nischen heraus wieder über die Erde verbreiten. Für die
Menschen in den unterirdischen Bunkern wäre das keine
praktische Perspektive.

■ Alpha, Beta, Gamma: das ABC der Kernstrahlung

Nach diesem Streifzug durch unsere kosmische Vorgeschichte kehren wir in unsere Gegenwart zurück. Es ist
an der Zeit, ein paar Grundbegriffe etwas systematischer
zu erklären.

Am Ende des 19. Jahrhunderts wurde die Röntgenstrahlung entdeckt; man kann sie erzeugen, indem man
Elektronen in einem elektrischen Hochspannungsfeld
von zehntausend bis hunderttausend Volt beschleunigt
und sie dann auf Materie, möglichst schwere Elemente,
schießt. Dort werden die Elektronen im elektrischen
Feld innerhalb der Atome abgelenkt, was die sogenannte
Bremsstrahlung hervorruft; die Elektronen sind anschließend langsamer. Die energiereichen Elektronen können
aber auch stark gebundene andere Elektronen von den
getroffenen Atomen abtrennen; wenn die so in den Elek-
tronenschalen erzeugten Löcher durch wiederum andere
Elektronen aufgefüllt werden, tritt Röntgenstrahlung bestimmter Energie auf, die für das »sich reparierende«
Atom typisch ist.

Etwa um die gleiche Zeit entdeckte Henri Becquerel, dass uranhaltiges Gestein eine Strahlung aussendet, die durch Abschirmungen hindurch eine Fotoplatte schwärzen kann. Bald wurde gefunden, dass Uran keineswegs die stärkste Wirkung solcher Art hat. Marie → Curie entdeckte und isolierte Radium und Polonium; bald folgten weitere Actinoide, Elemente mit Kernladungszahlen (vorerst) bis 92 (Uran). Marie Curie prägte auch das Wort Radioaktivität für diese Vorgänge, bei denen Materialien Strahlen aussenden. Ihr zu Ehren wurde die Maßeinheit Curie so gewählt, dass sie der Aktivität von einem Gramm frischen Radiums und seiner Folgeprodukte entsprach, etwa 37 Milliarden Kernzerfälle pro Sekunde.

Das ist viel, und der Umgang mit schon einem Gramm Radium ist hochgefährlich. Marie Curie wusste das noch nicht; etliche Erforscher der Röntgenstrahlung und radioaktiver Stoffe erlitten Strahlenschäden und wurden krank. Besonders bedauernswert sind die Arbeiterinnen, die mit feinem Pinsel eine radiumhaltige Paste auf Zifferblätter auftrugen, damit Uhren und Flugzeuginstrumente durch ihr Leuchten nachts ablesbar waren. Es war üblich, den Pinsel mit Zunge und Lippen zu befeuchten und so die Spitze zu schärfen – und nach Jahren solcher Arbeit traten dann elende Strahlenschäden und Krebserkrankungen besonders an Zunge und Mund auf.

Wie kommt es, dass Marie Curie so lange mit radioaktivem Material umgehen konnte, bevor sie selbst krank wurde (Leukämie – ein häufig mit Strahlenschäden in Verbindung gebrachtes Leiden)? Nicht alle Personen reagieren gleich auf die gleiche Belastung. Wenn sie die Pechblende (das uranhaltige Gestein) angefasst hat, so ist das nicht sehr problematisch. Nur Alphateilchen aus Atomen nahe der Oberfläche können die Gesteinsprobe verlassen, die anderen werden noch innerhalb des Materials gestoppt. Alphateilchen dringen auch nicht tief durch die Haut, selbst Hornhaut schützt schon. Man muss allerdings die Hände waschen, bevor man mit Lebensmitteln hantiert, die Finger ableckt oder in der Nase bohrt, sonst bringt man möglicherweise Abrieb mit Alphastrahlern in den Mund, die Atemwege oder den Verdauungstrakt – und dann kommen die Alphastrahler nahe an empfindliches Körpergewebe. → Gammastrahlung kommt auch aus der Tiefe, aber Uran ist nicht sehr radioaktiv. Vermutlich war Marie Curie als Chemikerin sehr diszipliniert; viele Chemikalien sind aggressiv und müssen mit Vorsicht behandelt werden. Frühstücksbrot und Lunchpaket gehören nicht ins Strahlenlabor. Ihr Laborbuch ist allerdings radioaktiv so verseucht, dass es heute in einem mit Bleiabschirmung versehenen Kasten aufbewahrt wird.

Eine im Labor handhabbare »Aktivität« liegt eher im Bereich Mikrocurie (µCi) als Curie, also bei zehntausend bis hunderttausend Kernzerfällen pro Sekunde. Die heutige Maßeinheit ist das → Becquerel (abgekürzt Bq), eins für jeden Zerfall pro Sekunde. Ein Millionstel Curie klingt wie wenig, 37 000 Becquerel klingen nach viel Strahlung – beides bedeutet aber dasselbe.

Zurück zum frühen 20. Jahrhundert. Man versuchte herauszufinden, was für eine Strahlung da eigentlich aus dem radioaktiven Material austrat, und entdeckte drei Typen von Strahlung. A, B und C klangen wohl zu banal, so nahm man stattdessen die entsprechenden Buchstaben des griechischen Alphabets. Die drei Strahlensorten ließen sich unterschiedlich gut abschirmen. Um Fotopapier vor → Alphastrahlung zu schützen, reichte bereits ein Blatt Schreibpapier zwischen Strahlungsquelle und lichtempfindlicher Schicht. → Betastrahlung drang durch solch Papier hindurch, wurde aber zum Beispiel durch ein dünnes Blech aufgehalten. Gammastrahlung drang auch da hindurch, sogar durch Bleiziegel. Dann wurde herausgefunden, dass sich Alpha- und Betastrahlung durch Magnetfelder ablenken lassen, Gammastrahlung dagegen nicht.

Es stellte sich schließlich heraus, dass Alphastrahlung Atomkernbruchstücke aus je zwei Protonen und Neutronen sind, also wie die Atomkerne des Heliumatoms. Ohne die (im Atom vorhandenen) elektrisch abschirmenden Elektronen werden die Alphateilchen stark von den ebenfalls positiv geladenen Kernen anderer Atome abgestoßen. Deshalb können sie nicht tief in Materie eindringen, sie werden schnell abgebremst (geben ihre Bewegungsenergie in einer dünnen Materieschicht ab) – deshalb reicht Papier als Abschirmung. Alphateilchen können aus den getroffenen Molekülen Atome oder Atomkerne herausschießen. Das ist ein sehr ernster Schaden, der nicht unbedingt zu reparieren ist.

Betastrahlung besteht aus energiereichen Elektronen (gelegentlich auch Positronen), wie sie zum Beispiel bei der Umwandlung von Neutronen in Protonen innerhalb des Atomkerns freigesetzt werden. Diese Elektronen werden von den vielen Elektronen in der Materie gestreut. Beide Stoßpartner sind aber gleich schwer (wie Billardkugeln), die Bewegungsenergie kann vollständig weitergereicht werden. Ob das stoßende oder das gestoßene Elektron weiterfliegt, ist eigentlich egal – ein Elektron fliegt weiter, mit weniger Abbremsung, als sie ein Alphateilchen erfährt. Wenn das getroffene Molekül durch den Beschuss Elektronen verliert, ändert es kurzfristig seine chemischen Eigenschaften, holt sich aber dann schnell aus der Umgebung andere Elektronen. Diese Schädigung durch Betastrahlung ist also meist nicht so schwer wie die durch Alphastrahlung.

Gammastrahlen sind energiereiche Photonen, also »hartes Licht«. Wenn solch ein Photon ein Atom richtig trifft, kann es ein Elektron aus der Hülle herausschlagen (das Elektron fliegt dann mit der Überschussenergie – nach Abzug der verbrauchten Bindungsenergie – weiter) oder sogar eine Kernreaktion hervorrufen. Die Wirkungsquerschnitte für diese Prozesse sind aber klein; im Klartext, die Gammastrahlen können dicke Materieschichten durchfliegen, bevor so etwas passiert. Ein Gammaquant, ein Photon der Gammastrahlung, das in einem Bleiziegel nicht aufgehalten wurde, hat noch genauso viel Energie wie zuvor, nur die Zahl solcher Photonen nimmt durch die Abschirmung ab. Das konnte man damals noch nicht feststellen, dafür braucht man geeignete Messgeräte.

Die wichtigen Unterschiede zwischen den Strahlungsarten können wir uns anhand dieses Buches vorstellen. Alphas und Betas sind Teilchen, die schrittweise ihre Energie abgeben. Bezogen auf die Dicke des Abschirmmaterials verlieren sie am meisten von ihrer Energie kurz bevor sie »stecken bleiben«. Nehmen wir an, Alphas und Betas versuchen, dieses Buch vom Deckel her zu durchdringen. Trotz ihrer hohen Energie (typischerweise MeV, Millionen Elektronvolt) bleiben die Alphas schon im Deckel stecken. Was wird da aus ihnen? Sie fangen zwei Elektronen von den vielen im Material vorhandenen ein und werden zu Heliumatomen, diese sind nach dem Abbremsen völlig harmlos. Ihre vorherige Schadenswirkung besteht also darin, dass sie *Energie abgegeben* haben, mehr, als einige Moleküle des Materials möglicherweise verkraften konnten. In unserer Makrowelt ist ein Schneeball, der einfach herumliegt und letztlich dahinschmilzt, harmlos. Wird er geworfen und trifft, so kann er durch seine Wucht Schaden anrichten.

Zurück zu diesem Buch als »Abschirmung«. Betastrahlung dringt je nach anfänglicher Energie (typischerweise einige Dutzend bis einige Hundert keV, also hunderttausende Elektronvolt) vielleicht bis Seite 13 oder 25 vor. Die meiste Energie wird in beiden Fällen in den etwa drei letzten Blättern dieses Weges abgegeben, während die davorliegenden Blätter des Buches kaum Strahlenschäden erleiden.

Gammastrahlen (Photonen von MeV-Energie) wirken völlig anders. Die meisten fliegen einfach durch das Buch durch und würden auch ein dickeres problemlos durchdringen. Sie richten dann dort auch keine Strahlenschäden an (mit Ausnahme des hier nicht wichtigen Compton-Effektes, bei dem sie Elektronen freisetzen können, die dann wie Betastrahlen – aber ohne vorhersagbare Vorzugsrichtung – wirken). Wenn allerdings ein Gammaquant einen der winzigen Atomkerne trifft, kann es ihn anregen (er sendet dann anschließend ein anderes Gammaquant oder Betastrahlung aus) oder gar aufbrechen oder eine Kernreaktion einleiten. In solch einem Fall wird der getroffene einzelne Atomkern radioaktiv. Physikalisch wichtig ist, dass die gesamte Energie des Gammaquants auf einmal (an einem Ort) in etwas anderes umgewandelt wird, also dort Strahlenschäden anrichten kann.

Was hilft als Abschirmung gegen Gammastrahlung? Nichts schützt perfekt, aber *Abstand von der Strahlungsquelle* verringert die Wahrscheinlichkeit, getroffen zu werden. Abschirmungen aus Blei (jegliche Schwermetalle, entscheidend ist die hohe Kernladungszahl) verringern die Zahl der Gammaphotonen, die den Raum dahinter erreichen. Das Abschirmmaterial sollte aber nicht selbst strahlen, wenn es von Gammastrahlung getroffen wird – das schränkt die Auswahl sehr stark ein.

Überhaupt: Seit den Atombombenexplosionen in den 1940er- bis 1960er-Jahren in der Atmosphäre (und den unterirdischen Versuchen, bei denen trotzdem radioaktives Material ins Freie gelangte) ist Baumaterial weltweit messbar radioaktiv verseucht. Wenn für bestimmte Experimente Blei gesucht wird, das nicht selbst schon etwas radioaktiv ist, so versucht man es von Renovierungsprojekten mittelalterlicher Kirchen zu ergattern. Die alten Bleifassungen der Kirchenfenster sind strahlentechnisch noch sauber. Für nichtstrahlendes Eisen gibt es unter anderem einen Vorrat in Nordschottland: Die deutsche Kriegsflotte wurde nach dem Ersten Weltkrieg nach *Scapa Flow* (zwischen den Inseln der Orkneys) verlegt und versenkte dort ihre Schiffe selbst, um sie nicht den ehemaligen Kriegsgegnern zu überlassen.

Hätte es Sinn (für reiche Leute), diese – nicht sehr großen – Materialvorräte zu kaufen und für ihr eigenes Haus zu verwenden, damit sie in strahlenärmerer Umgebung leben können? Ganz und gar nicht, aus vielerlei Gründen (abgesehen davon, dass die wissenschaftliche Verwendung für die Menschheit erheblich nützlicher ist) – bei so viel (maßlos übertriebener) Besorgnis um kleinste Mengen von Radioaktivität in der Umwelt sollten sie vielleicht gleichzeitig auch aufhören, zu atmen und zu essen. Das fiele ihnen vermutlich schwer. Strahlung ist nur eines von vielen Lebensrisiken und dabei – mit relativ wenigen berufsbedingten Ausnahmen – nicht das wichtigste.

Seit der Entdeckung der Kernspaltung 1938 spielt die künstliche Radioaktivität eine sprunghaft verstärkte Rolle. Schon in den 1930er-Jahren wurden durch den Beschuss von Atomkernen mit schnellen Teilchen (damals meist

Protonen aus den ersten Ionenbeschleunigern sowie Alphateilchen und Neutronen aus Kernzerfällen, inzwischen mit allen denkbaren Kernen) neue Isotope erzeugt, von denen einige sehr radioaktiv sind. Die Kernspaltung sehr schwerer Elemente (die an sich meist freiwillig, aber innerhalb langer Zeiten durch Aussendung von Alphastrahlung zerfallen), wird vorwiegend durch Beschuss mit Neutronen eingeleitet. Sie führt im ersten Schritt zu etwa halb so schweren Bruchstücken mit relativ vielen Neutronen; diese neuen Kerne sind durchweg instabil und zerfallen über etliche Zwischenschritte zu den stabilen hin. Es ist also keine neue Art von Radioaktivität, es sind nur besonders viele neue Sorten radioaktiver Kerne zu beachten sowie eine Unmenge freier Neutronen. Wir werden beim Thema Kernkraftwerke darauf zurückkommen. Die vielen Kernreaktionen im Zuge der Kernspaltung setzen erhebliche Energiemengen frei, zusammen oft mehr als 100 MeV – das ist ja auch das Ziel der Sache in Atombombe und Kernkraftwerk.

■ Die Erfindung des Geigerzählers

Radioaktivität sieht, hört und schmeckt man nicht. Entdeckt wurde sie durch ihre Wirkung auf Fotoplatten; die mussten erst in der Dunkelkammer entwickelt werden. Ein Messergebnis lag also erst Stunden nach der Strahlenwirkung vor. Das ist nicht sehr praktisch und völlig ungeeignet für eine Strahlenüberwachung, die eventuell Menschen vor plötzlich auftretenden Strahlengefahren warnen soll.

In Ernest Rutherfords Labor in Cambridge, einem der führenden Laboratorien für die Erforschung der Radioaktivität im frühen 20. Jahrhundert, wurde auf verschiedenen Wegen nach einem geeigneten Nachweisgerät gesucht. Da saßen zum Beispiel Experimentatoren im Dunkeln, gewöhnten ihre Augen für eine halbe Stunde an die Dunkelheit, bis sie die sehr schwachen Lichtblitze sehen konnten, die Alphateilchen beim Auftreffen auf eine Zinksulfidschicht verursachten. Das war für die Forschung (und Doktoranden) für eine gewisse Zeit erträglich, ist aber sonst nicht praktikabel.

Im Auftrag Rutherfords verfolgte Hans Geiger einen anderen Weg: Legt man zwischen einen dünnen Draht (dünn wie ein Haar) und eine flächige Elektrode (am praktischsten eine hohle Röhre mit dem Draht isoliert auf der Mittelachse) eine elektrische Hochspannung (800 bis 1500 Volt, je nach Drahtdurchmesser, den anderen Abmessungen und der Gassorte), so bilden sich ab und zu elektrische Entladungen in dem Gas zwischen den Elektroden. Wie wir heute wissen, werden sie durch die Höhenstrahlung oder durch Strahlung von radioaktiven Materialien gestartet.

Wenn diese Strahlung im Gas (Luft, Argon, Methan, Gasgemische, es gibt viele Möglichkeiten) ein Molekül oder Atom trifft und es ionisiert (ein Elektron abspaltet), so haben wir ein Ionenpaar. Das positiv geladene, schwere Restatom oder Restmolekül wandert unter dem Einfluss des elektrischen Feldes zur negativ geladenen großen Elektrode. Das negativ geladene, viel leichtere Elektron, das zudem die meiste Überschussenergie mitbekommen hat, wird zum positiv geladenen dünnen Draht hin beschleunigt. Die Überschussenergie ist beträchtlich; zum Abtrennen des Elektrons waren nur etwa 30 eV (Elektronvolt) notwendig, ein Röntgenquant hat aber 1000 eV, 10 000 eV oder mehr, ein Gammaquant gar einige MeV, Millionen

aus ergibt sich ein Spektrum mit Häufungen von nachgewiesener Strahlung bei bestimmten Energien. Experten (und zunehmend bereits Rechnerprogramme) erkennen daraus, welche Isotope zur Strahlung beitragen.

Daraus und aus den bekannten Halbwertszeiten der häufigsten Isotope lässt sich abschätzen, wie lange die Strahlung etwa über den Grenzen liegen wird, die eine akute Gefahr für den Menschen darstellen – wenn die Strahlenquelle selbst nicht beseitigt werden kann. Das Strahlungsspektrum verrät dem Experten auch, ob es sich bei der strahlenden Substanz mit einiger Wahrscheinlichkeit um ein Laborpräparat oder ein medizinisches Material handelt (meist nur ein Element und seine Tochterprodukte), um Reste von Kernbrennstoffen aus einem Reaktor oder um Material aus einer Kernexplosion. Wenn man gründlich genug forscht, lässt sich sogar der Typ des Kernreaktors oder der Typ der Kernwaffe erraten.

■ Wie radioaktiv ist der Mensch?

In unserer Umwelt findet sich Radioaktivität, seit es das Sonnensystem gibt, also nach menschlichen Maßstäben schon immer. In der Neuzeit ist aus technischen Quellen noch einiges dazugekommen (darauf werde ich noch eingehen), aber auch ohne Strahlenmedizin, Kernwaffenexperimente und Kernkraftwerke sind unsere Wohnungen, unsere Nahrung und unsere Atemluft nicht frei von jeglicher Radioaktivität.

Fast vier Fünftel unserer Atemluft sind Stickstoff (N_2). Das Stickstoffatom (N) hat die Kernladungszahl 7, das stabilste und bei Weitem häufigste Isotop (99,6 Prozent) hat auch 7 Neutronen, also insgesamt 14 Nukleonen oder die Massezahl 14. Dafür gibt es die Kurzbezeichnung N-14. Es gibt auch – in geringer Konzentration – das Isotop N-15 (mit 8 Neutronen); Isotope sind verschiedene Atomkerne eines gegebenen Elements, also Kerne mit derselben Anzahl von Protonen, aber unterschiedlich vielen Neutronen. Wenn die kosmische Strahlung auf die Erdatmosphäre trifft, werden bei den Kernreaktionen auch Neutronen freigesetzt. Solch ein Neutron kann später einen Stickstoffkern treffen, sich selbst dort einnisten und ein Proton vertreiben. Dann hat dieser Atomkern nur noch 6 Protonen, dafür aber 8 Neutronen, aber immer noch 14 Nukleonen. Sechs Protonen, das bedeutet Kohlenstoff; es liegt ein Kohlenstoffkern mit zwei Neutronen mehr als »normal« vor. 99 Prozent aller Kohlenstoffkerne haben nur 6 Neutronen (C-12), etwa 1 Prozent hat ein siebtes Neutron (C-13), nun haben wir C-14 erzeugt.

Innerhalb von genügend Zeit (Halbwertszeit etwa 6300 Jahre) wandelt sich eines der acht Neutronen wieder in ein Proton um (und sendet dabei Betastrahlung aus). Bis dahin verhält sich C-14 aber nicht wesentlich anders als C-12. Es bildet zum Beispiel dasselbe Molekül CO_2 (Kohlendioxid), das in der Atmosphäre umhergetrieben, irgendwann von Pflanzen aufgenommen und dort zerlegt wird. Das Blätterwerk wird gefressen, verdaut, ausgeschieden und wiederverwertet, das Holz wird vielleicht verbrannt (es wird wieder zu CO_2 und dann wiederverwertet). Das C-14 gelangt also in die Nahrungskette von Pflanzen, Mensch und Tier und nähert sich in lebenden Organismen der Konzentration an, die es in der Atemluft hat.

Mit dem Tod endet der Stoffwechsel, es wird kein frisches C-14 mehr nachgefüttert. Das C-12 (und C-13) bleibt erhalten, das C-14 zerfällt allmählich. Wenn man weiß, wie die Mengenverhältnisse zu Lebzeiten waren, kann man aus einer späteren Messung der Verhältnisse schließen, wie viel C-14 seitdem entschwunden ist, wie viel Zeit also vergangen ist, seit das Lebewesen starb. Das ist die C-14-Datierungsmethode, mit der organisches Material mit einer Genauigkeit von typischerweise 20 bis 100 Jahren über einen Zeitraum von 1000 Jahren datiert werden kann, mit geringerer Genauigkeit (weil das meiste C-14 dann schon weg ist – was weg ist, lässt sich schlecht messen) auch bis zu 100000 Jahren. Das C-14 zerfällt natürlich auch schon zu Lebzeiten des gastgebenden Organismus, aber innerhalb der typischen Lebensdauer eines Menschen (ein Hundertstel der Strahlungs-Halbwertszeit von C-14) reicht das nur für etwa ein halbes Prozent der dort vorhandenen C-14-Kerne.

Die stärkste interne Strahlenbelastung des Menschen wird durch Kalium verursacht. Kaliumchlorid ist unter anderem wichtig für die Signalübertragung in unseren Nervenzellen. Die häufigsten (und stabilen) Isotope des Kaliums sind K-39 und K-41 mit zusammen fast 99 Prozent. Woher stammt das radioaktive K-40, das mit nur 0,012 Prozent vertreten ist und dennoch so viel Strahlung freisetzt? Es hat eine Halbwertszeit von 1,2 Milliarden Jahren – es wurde wohl bei der Entstehung des Sonnensystems »mitgeliefert«. Der radioaktive Zerfall des K-40 führt zu den Isotopen Ar-40 und Ca-40. Ebendieses Isotop Ar-40 ist der Hauptbestandteil des Edelgases Argon; alle Edelgase zusammen haben etwa ein Prozent Anteil an unserer Atemluft.

Das Verhältnis von K-40 zu Ar-40 innerhalb von Steinen wird gerne benutzt, um das Alter von Mineralien zu bestimmen. Dazu nimmt man an, dass die Materialien, aus denen die Mineralien (Steine) gebildet wurden, damals kein Argon enthielten, weil das Edelgas hätte entweichen können. Wenn man dort jetzt Argon findet, sollte es aus dem Zerfall von K-40 stammen. Man misst, wie viel von jeder der beiden Stoffsorten vorhanden ist – und liest das Alter des Gesteins »von der Uhr« ab. Der Körper einer Durchschnittsperson von 70 bis 80 Kilogramm Masse enthält über 100 g Kalium und über 120 mg (Milligramm) K-40.

Daraus kann man ausrechnen, dass allein durch K-40 und C-14 (zu etwa gleichen Teilen) der menschliche Körper eine Radioaktivität von über 8000 Bq (Becquerel) aufweist. Da nähern wir uns praktischen Zahlen: Nach Tschernobyl wurde vor dem Verzehr von Rentierfleisch aus Lappland gewarnt, weil es eine Strahlenbelastung von etwa 8000 Bq pro Kilogramm aufweise. Das hielt die Rentierzüchter, die kaum andere Nahrung in der Heimat erzeugen können, nicht vom Verzehr ab. Vor den Strahlengefahren von Pilzen und Beeren aus Lappland wurde gewarnt, auch von Rentierfleisch solle man nicht so viel essen, etwa nicht mehr als ein Kilogramm am Tag und vielleicht nicht alle Tage. Auf dem Papier sieht das so aus, als nehme jeder dann so viel Radioaktivität auf, wie der Körper sowieso schon hat. Aber wer isst schon täglich ein Kilogramm Rentierfleisch; das meiste davon wird auch wieder ausgeschieden, die wirkliche Belastung ist also erheblich geringer – aber durchaus nennens- und beachtenswert.

Rubidium (Rb-87) trägt etwa ein Zehntel zur natürlichen inneren Strahlenbelastung bei; Rubidium ist ein Alkalimetall und damit dem sehr häufigen Natrium chemisch ähnlich. Natrium ist nicht nur der eine Bestandteil von NaCl (Kochsalz); das Salz in unseren Körperflüssigkeiten ist wohl auch eine Erinnerung daran, dass das Leben auf der Erde sich für lange Zeit im salzigen Meer entwickelte.

Außer diesen Beispielen finden wir noch etwa zwei Dutzend Isotope (Radionuklide), die mit der Entstehung der Erde mitgeliefert wurden, etliche, die wie das C-14 dauernd durch kosmische Strahlung in der Atmosphäre neu gebildet werden, sowie fast fünfzig, die beim Zerfall der »mitgelieferten« Aktinoiden (Uran und Konsorten) fortlaufend neu entstehen. Unter diesen ist das radioaktive Edelgas Radon besonders wichtig; wir werden es noch näher ansprechen. Die Wissenschaft kann inzwischen mehrere Tausend weitere radioaktive Isotope erzeugen; die meisten von ihnen aber nur in extrem kleinen Mengen und von so geringer Halbwertszeit, dass sie das Labor nie verlassen.

Beim Gammazerfall gibt ein Atomkern Anregungsenergie ab, an der Zusammensetzung des Atomkerns ändert sich aber nichts. Beim Betazerfall wird ein Proton in ein Neutron (»Beta plus«) oder ein Neutron in ein Proton verwandelt (»Beta minus«). Da wird also die Atomsorte, das Element, geändert, denn die Kernladungszahl, die Zahl der Protonen, ändert sich um eine Einheit. Im Alphazerfall sendet der Kern Alphateilchen aus, verliert also zwei Protonen und zwei Neutronen: Bei dieser Elementumwandlung ändert sich die Kernladungszahl um zwei und die Massenzahl um vier. Werden Neutronen ausgestoßen, bleibt die Kernladungszahl (die Elementzugehörigkeit) unverändert, nur die Massenzahl sinkt um eins. Das erinnert an einen Baukasten mit bunten Steinen, in dem Tauschen und Wegnehmen nach bestimmten Regeln möglich, aber nur bestimmte Kombinationen auf Dauer erlaubt sind.

Apropos Radioaktivität des Menschen: Wenn man versucht, sie zu messen, muss man berücksichtigen, dass Betastrahlung, die irgendwo im Körper entsteht, kaum bis zur Körperoberfläche vordringt; von außen wird man also weniger messen. Andererseits, ein radioaktives Präparat mit einem Fünftel µCi (die genannten 8000 Bq) ist schon meldepflichtig im Sinne der Strahlenschutzverordnung. Jeder von uns strahlt so; sind nicht Friedhöfe also eigentlich Lagerplätze für radioaktives Material? Müssten Krematorien nicht eigentlich mit Staubfiltern ausgestattet werden, damit das radioaktive Material nicht in die Umwelt gelangt?

■ Röntgenstrahlung im Schuhgeschäft

Röntgenstrahlung ist elektromagnetische Strahlung genau wie die Gammastrahlung. Für Physiker liegt der Unterschied in der Entstehung: Röntgenstrahlung stammt aus der Atomhülle, Gammastrahlung aus dem Atomkern. Die Energie pro Photon ist bei Gammastrahlen im Mittel um das Zehn- bis Hundertfache höher, aber ansonsten sind die beiden Strahlensorten gleich. Es gibt auch Radioaktivität, die mit der Aussendung von Röntgenstrahlung einhergeht: In Elektroneneinfangreaktionen benutzt das Atom eines der am stärksten gebundenen Elektronen (das dem Kern am nächsten kommt) und kombiniert es mit einem Proton zu einem Neutron. Der neue Atomkern gehört also zum Nachbarelement mit einer um eine Einheit geringeren Kernladungszahl und kann ein Elektron weniger binden als der Ausgangskern. Praktischerweise ist dieses eine Elektron durch die »Einfangreaktion« schon verschwunden, vom Kern »gefressen«, aber die Atomhülle muss sich noch umorganisieren. Wo das Elektron fehlt, wird das Loch durch ein anderes Elektron desselben Atoms aufgefüllt und dabei die unterschiedliche Bindungsenergie in Form von Röntgenstrahlung ausgesandt.

Dieselbe Röntgenstrahlung wird in einer Vielzahl von technischen Apparaten in der Medizin und in der Materialprüfung, in der Fernsehröhre und im Computermonitor (alter Bauart) erzeugt. Durch geeignete technische Maßnahmen sollten Unbeteiligte nichts davon abkriegen, aber es hat viele Jahrzehnte gedauert, bis es sich herumgesprochen hatte, dass es sinnvoll und sogar notwendig ist, darauf zu achten.

Marie Curie wurde in ihrer zweiten Heimat Frankreich in der Öffentlichkeit erst so richtig bekannt und anerkannt, als sie im Ersten Weltkrieg freiwillig mit Röntgengeräten an die Front zog und die Arbeit in den Feldlazaretten unterstützte. Mit Röntgenstrahlung kann man den Körper durchleuchten und Knochenschäden feststellen, Geschosstrümmer entdecken und zum Beispiel nach Lungenkrankheiten suchen. Röntgenstrahlung (mit einer Energie im Bereich von 10 000 bis 50 000 Elektronvolt für den Einsatz in der Medizin) ist eine ionisierende Strahlung; wenn sie mit einem Atom wechselwirkt, regt sie eines seiner Elektronen so stark an, dass es aus dem Atom herausgehoben wird. Ohne dieses Elektron ist das zurückbleibende Atom positiv geladen, es würde in einem elektrischen Feld wandern und heißt deshalb Ion (griechischer Wortstamm für »wandern«). Weil die verschiedenen Elemente mit ihrer unterschiedlichen Kernladungszahl die Elektronen unterschiedlich fest binden, kann Röntgenstrahlung einstellbarer Energie diesen Ionisierungs-Effekt bei einigen hervorrufen und bei anderen nicht – so kann man vom Körperinneren Bilder machen und erkennen, wo Knochen – mit Kalzium (Kernladungszahl 20) und schwereren Elementen – oder Fremdkörper – etwa aus Eisen (26) – zu finden sind und wo nicht.

Die Röntgenfotoplatte wird durch das Röntgenlicht belichtet, das den Körper durchdrungen hat, dort also keinen Schaden angerichtet hat. Dunkler bleiben die Orte, an denen Röntgenlicht verschluckt (absorbiert) wurde, es also Atome ionisiert hat. Durch die Wahl der elektrischen Hochspannung an der Röntgenröhre (der Lichtquelle) kann man das Spektrum des Röntgenlichts (seine Energieverteilung) verändern und für bestimmte medizinische Aufgaben optimieren. Es bleibt aber immer abzuwägen, ob die unvermeidliche Schädigung durch die absorbierte Röntgenstrahlung den Erkenntnisgewinn aufwiegt. Dank erheblich empfindlicherer Fotoplatten (heutzutage oft schon vollelektronisch) kommt man mittlerweile mit viel weniger Strahlung als in der Anfangszeit aus, aber das Bedienungspersonal entfernt sich tunlichst trotzdem während der Röntgenaufnahme vom bestrahlten Patienten, alle nicht zu »fotografierenden« Körperteile werden möglichst durch Bleimatten abgeschirmt. Früher erlitten die Röntgenärzte selbst häufig Strahlenschäden, das ist mit der besseren Technik und Bedienung heute nicht mehr so.

Ich erinnere mich noch daran, dass es Ende der 1950er-Jahre im Schuhladen ein Gerät gab, in dem vor allem bei Kindern der Sitz von neuen Schuhen überprüft wurde. Mit den Fußspitzen trat man in einen Kasten und blickte dann von oben in einen Schacht mit einem grünen Leuchtschirm, sah dort Schuhkonturen und die eigenen Zehen. Das war natürlich ein Röntgengerät, wie es nach heutigen Strahlenschutzvorschriften strikt verboten wäre, und das aus guten Gründen: Es handelte sich um eine medizinisch unnötige Anwendung von ionisierender Strahlung ohne nennenswerte technische Kontrolle der

Betriebsbedingungen und mit völlig unzureichender Abschirmung gegen Strahlung in unerwünschter Richtung.

Diese Geräte gibt es nicht mehr, aber sind wir überall so viel weiter in unserer Erkenntnis von Strahlengefahren? In den USA ist es üblich, dass Zahnärzte regelmäßig das Gebiss röntgen, gerne sogar routinemäßig jedes halbe Jahr. Sie werben häufig mit Sonderangeboten für die erste Untersuchung und sind entsetzt, wenn ein Patient das Röntgen ablehnt. Da geht es nicht um ein oder zwei Röntgenbilder, wie sie ein hiesiger Zahnarzt von einem Problembereich des Kiefers anfertigen mag, sondern um ein Dutzend oder mehr. Jede einzelne Zahn-Röntgenaufnahme bedeutet (je nach Apparatur, Stand der Technik, Anpassung an das Messproblem usw.) das Zehn- bis Tausendfache der Strahlenbelastung einer modernen Röntgenaufnahme der Lunge.

Als ich selbst dran war und darauf hinwies, dass wegen meiner vielen Amalgam-Füllungen – Schwermetall, zum Beispiel mit Palladium (Kernladungszahl 45) und Quecksilber (80) – solche Röntgenaufnahmen sinnlos seien (da ist alles schwarz, weil die Strahlung nicht durchdringt), wurde das abgestritten, man wolle ja die Wurzeln (unter den Füllungen) sehen, es müssten wenigstens die Backenzahnbereiche geröntgt werden, und außerdem verwende man »weiche Röntgenstrahlung«, die sei harmlos. (In diesem Zusammenhang heißt »weich« niederenergetisch und »hart« hochenergetisch – innerhalb des Energiebereichs der Röntgenstrahlung.)

Welche Energie die verwendete Strahlung habe, wusste man in der Zahnarzt-Gemeinschaftspraxis mit ihren vier promovierten Zahnärzten nicht. Dass mit weicher Röntgenstrahlung vielleicht die Strahlenbelastung niedriger sein könne als mit harter, stritt ich nicht ab, aber es bleibt ionisierende Strahlung, deren Einwirkung auf den Körper so gering wie möglich gehalten werden sollte. Das Ergebnis war wie von mir vorhergesehen: »Wegen Ihrer Füllungen können wir auf den Bildern nichts erkennen, wir müssen noch mehr Aufnahmen machen.« Den von mir vorgestellten Zahn reparieren wollten sie auch nicht, es gehe nicht ohne (teure) Krone. Da blieb nur ein Arztwechsel. Zum Glück fand ich dann einen Zahnarzt, der sein Handwerk verstand und nicht mangelnden Durchblick durch viel geldträchtiges Röntgen kaschieren musste.

Röntgenreihenuntersuchungen der Lunge haben eine wesentliche Rolle in der weltweiten Bekämpfung von Lungenkrankheiten und in der Arbeitsmedizin gespielt. Wenn die Bevölkerung weniger krank ist, kann ein Hilfsmittel aber seinen Wert verlieren. Im Einzelfall nach wie vor unverzichtbar, kann eine fast harmlose medizinische Technik wie die Röntgenreihenuntersuchung der Lunge doch Schaden anrichten. Dazu brauchen wir etwas Statistik.

In Großbritannien mit seinem nationalen Gesundheitssystem wurden – wegen der früheren medizinischen Erfolge damit – routinemäßige Röntgendurchleuchtungen praktisch zur Pflicht. Zigtausende von Untersuchungen, soundso viele Krankheitsfälle entdeckt – das klingt doch gut, oder? Die britische Ärztin Alice Stewart machte sich dennoch Sorgen. Sie beschaffte sich Berge von Unterlagen darüber, welche Krankheiten im Zuge der Reihenuntersuchungen gefunden worden waren und welche ohne diese. Sie fand heraus, dass bestimmte Krankheiten nach der Röntgenuntersuchung etwas häufiger auftraten als bei Personen ohne Röntgenuntersuchung und dass viele Befunde genauso gut ohne die Röntgenbestrahlung erzielt werden konnten. Dabei ging es um einige Hundert oder Tausend Fälle bei Hunderttausenden von Untersuchungen. Im einzelnen Fall konnte man keinen Zusammenhang mit der Röntgenuntersuchung festmachen, aber es gab einen kleinen Prozentsatz von Leuten, denen die Untersuchung anscheinend geschadet hatte. Besonders drastisch war die Leukämie bei Kindern, die doppelt so häufig auftrat, wenn die schwangere Mutter an Röntgenreihenuntersuchungen teilgenommen hatte. In Abwägung von Vorteilen und Nachteilen wurde schließlich die routinemäßige Reihenuntersuchung von Schwangeren mit Röntgenstrahlung abgeschafft: Im Einzelfall ist die Untersuchung ein sehr nützliches Hilfsmittel, aber sie ist nicht »zur Vorbeugung« geeignet.

Dieses medizinstatistische Untersuchungsverfahren heißt heute Epidemiologie – man sucht nach dem Auftreten von Krankheiten, die in einem Land vielleicht Hunderte oder Tausende von Menschen befallen, aber gleichzeitig so selten sind, dass sie einem einzelnen Arzt mit seinen paar Hundert Patienten nicht auffallen würden. Wo von hunderttausend Menschen etliche Tausend krank sind (und in den europäischen Industriegebieten ist das Massenelend auch noch nicht so lange her!) und eine Untersuchungsmethode existiert, durch die vielleicht hundert Menschen irgendwann neu erkranken, ist die Methode von Vorteil. Hat die Volksgesundheit einen besseren Stand erreicht, sodass dieselbe Methode nur noch ein paar Hundert verdeckte Krankheitsfälle aufdeckt, so viele, wie sie selbst vielleicht verursacht, so sind ihre »Nebenwirkungen« nicht mehr akzeptabel.

Alice Stewart fand statistische Zusammenhänge zwischen Leukämie und Krebs bei Kindern und der Untergrundstrahlung in verschiedenen Teilen Großbritanniens, zwischen Krebsraten bei Arbeitern in der amerikanischen Nuklearindustrie und ihrer früheren Strahlenbelastung

Wenn das radioaktive Material tief im Boden liegt und die dicke Erd- und Steinschicht darüber uns gegen alle wesentlichen Strahlenarten abschirmt, sind wir doch sicher davor, oder? Schon, aber anders verhält es sich, wenn die radioaktiven Stoffe zu uns gebracht werden oder wir uns zu ihnen begeben. Beides geschieht, und nicht nur durch den Uranbergbau. Warme Quellen sind etwas ganz Hervorragendes, ob im kalten Island oder im Schwarzwald. Je tiefer man bohrt, desto wärmer wird es, aber wenn das warme Wasser aus großen Tiefen (Hunderte oder gar Tausende von Metern) durch das Gestein aufsteigt, kühlt es sich dabei ab. Damit warmes Wasser die Oberfläche erreicht, muss es schon sehr heiß angefangen haben, und solch heißes Gestein in günstiger Lage zur Erdoberfläche gibt es nicht häufig. Der Schwarzwald ist eines solcher Gebiete. In der Regel sind es vulkanische Gegenden, in denen heißes Magma verhältnismäßig nahe an die Oberfläche kommt (siehe Island oder das Yellowstone-Gebiet in den USA), oder geologische Bruchzonen (wie der Oberrheingraben mit dem Rand am Schwarzwald), in denen das heiße Wasser leicht transportiert werden kann.

Heißes Wasser ist wegen seiner Temperatur gefährlich, weil bei hohen Temperaturen (wesentlich über 40 °C) komplexe Eiweißmoleküle (wie sie in unserem Körper für viele Funktionen lebenswichtig sind) »denaturieren« und so ihre Funktionsfähigkeit unwiederbringlich einbüßen. Das zuvor durchsichtige Eiweiß des Frühstückseis wird beim Kochen undurchsichtig. Reiskörner behalten in kaltem Wasser lange Zeit ihre Größe und Form, bei 20 Minuten in kochendem Wasser quellen sie dagegen auf und werden verdaulich (hier geht es um Stärke, nicht um Eiweiß). Unsere Körper sind hervorragend in der Temperatur stabilisiert; wir funktionieren normalerweise am besten bei knapp 37 °C, einer möglichst hohen Temperatur für die Fähigkeiten unseres Stoffwechsels und unserer Muskeln, mit etwas Sicherheitsabstand zur Gefahrenzone. Fieber, die Erhöhung der Körpertemperatur, zeigt an, dass der Körper auf Probleme (Entzündungen, Infektionen) reagiert und dazu möglichst schnell ablaufende (bio-)chemische Reaktionen einsetzt, die bei höherer Temperatur schneller vor sich gehen als bei 37 °C. Über 40 °C steigt die Besorgnis, Fieber über 42 °C ist kritisch, viele Patienten überleben es nicht – wegen der Schäden am Körpereiweiß, das in vielen Prozessen in der Zelle seine Aufgaben nur erfüllt, solange es seine Form einhält. Denaturiertes Eiweiß hat eine andere Form, es verliert seine biologischen Fähigkeiten.

Auch im unbelebten Teil der Natur ist die Temperatur wichtig. Nach einer Faustregel verdoppelt sich die Reaktionsgeschwindigkeit eines chemischen Prozesses, wenn die Temperatur um 10 Grad ansteigt. Zucker löst sich in heißem Wasser (Tee, Kaffee, heiße Zitrone) schnell und reichlich (und kühlt dabei das Getränk merklich ab), in kaltem Wasser (kalte Zitrone) muss man dagegen lange rühren, bis der Zuckerbodensatz sich aufgelöst hat. Das Gleiche passiert mit Mineralstoffen. In heißem Wasser können sich viele Mineralien (immer in kleinen Konzentrationen) lösen, in kaltem Wasser viel schlechter. Wo heißes Wasser sich abkühlt, schlagen sich Mineralien an der Gefäßwand nieder, im Durchlauferhitzer, im Wasserkessel, in Wasserrohren, an Wasserhähnen, in der Waschmaschine ... Wo das Wasser verdunsten kann, ist der Effekt noch deutlicher, denn das verdunstete Wasser (»destilliertes Wasser«) ist nahezu frei von Mineralien, Letztere bleiben zurück, wie etwa in den Sinterterrassen von Pamukkale (Türkei), im Yellowstone-Nationalpark (USA), an Heißwassergeräten oder leckenden Wasserbehältern.

Uns interessiert hier mehr der davorliegende Vorgang – das Wasser muss die Mineralstoffe irgendwo aufgenommen haben, in der Tiefe, im Gestein. Die meisten der dort aufgenommenen Mineralien sind zwar technische Ärgernisse (Wasserhärte), aber in Heilbädern und Mineralwässern gelten sie häufig als hilfreich, man kann sein Geld damit verdienen, sie zu vermarkten.

Die Etiketten auf Mineralwasserflaschen verraten, was die häufigsten Inhaltsstoffe des Wassers sind: vor allem Natrium (aus Kochsalz) und Kalzium (aus Kalziumkarbonat – Kalkstein). Die Konzentrationen schwerer Elemente sind meist extrem gering, denn diese Stoffe lösen sich nicht gut in Wasser. Das am stärksten gelöste Gas im Wasser ist Kohlendioxid (CO_2). Es gibt aber auch heiße Quellen, deren Betreiber mit radioaktiven Inhaltsstoffen werben (wenn das Wasser heiß genug ist und durch Gestein mit genügend hoher – immer noch geringer! – Konzentration von radioaktiven Elementen gesickert ist, unter hohem Druck). Unter diesen Stoffen ist vor allem Radon – kein Gestein, sondern ein Edelgas – häufig. Wenn Thorium (Kernladungszahl 90) oder Uran (92) – beide Elemente sind in Wasser fast unlösbar – Alphastrahlung aussenden, so wird daraus nach dem Abbremsen das (harmlose) Edelgas Helium. Die zurückbleibenden Kerne haben um zwei Einheiten kleinere Kernladungen: Radium (88) oder Thorium (90). Diese Tochterkerne sind selbst auch radioaktiv und senden irgendwann ihrerseits Alphateilchen aus; die neuen Tochterkerne sind Radon (86) und Radium (88). So geht das weiter, bis zum Blei (82). Diese Zerfallsketten sind in den Einzelheiten kompliziert; in einigen Fällen treten Betazerfälle auf, Gammastrahlung, Verzweigungen, was sonst noch. Mehrere Zerfallsketten aber laufen durch Radon.

Während alle anderen dieser schweren Elemente fast am Ort kleben, ist Radon als Edelgas beweglich. Es kann als Gas durch Gesteinsporen dringen (diffundieren), und es kann in Wasser gelöst transportiert werden. Und wenn es mit dem Wasser die Oberfläche erreicht hat (oder auch durch das Erdreich in trockenem Zustand), ist es Teil der Atemluft und erreicht so auch unsere Lungen. Wenn es zufällig dort seinen eigenen Alphazerfall erleidet, gibt das energiereiche Alphateilchen seine Energie in der obersten Gewebeschicht ab, die auch für den Gasaustausch zwischen Atemluft (sauerstoffhaltig) und Blut (Abgabe von CO_2) sorgt. Wenn diese Schicht stark geschädigt ist, erstickt das Lebewesen.

Radon dringt überall aus dem Boden und verteilt sich, normalerweise in praktisch unbedenklich geringer Konzentration. Als Element hohen Atomgewichts würde es sich in einer ungestörten Atmosphäre vorzugsweise in Bodennähe aufhalten, unter realen Bedingungen also in Kellern und Höhlen, während es außerhalb vom Wind verwirbelt und verdünnt wird. Tatsächlich kann man Radon am ehesten in schlecht gelüfteten Kellern messen, in Gegenden, in denen die Konzentration von radioaktiven Stoffen im Boden höher ist als anderswo. Schon Lüften hilft, die Radon-Konzentration wirksam zu senken.

In der Tat, einer der wesentlichsten Beiträge zur radioaktiven Belastung der Bevölkerung wird dem Radon aus dem Boden zugeschrieben. Grund zur Aufregung? Eher nicht, denn die Epidemiologie hat bislang nicht nachweisen können, dass in den Weltgegenden, in denen der natürliche Boden für eine höhere als die typische Radioaktivität sorgt, Strahlenerkrankungen erkennbar häufiger aufträten. Das mag daran liegen, dass diese nicht unbedingt als solche zu erkennen sind oder dass sie wirklich zu selten sind. Solche Gegenden gibt es im Schwarzwald (bei Menzenschwand), wo an manchen Stellen die Strahlung das Dreißigfache des deutschen Landesdurchschnitts ausmacht, in Südwest-Indien (Kerala) – bis zum Doppelten der höchsten Schwarzwaldwerte –, im Nordosten Brasiliens (bis zum Doppelten der höchsten Kerala-Werte) – die Radioaktivität dort ist viele Male höher als im Schwarzwald; vielleicht werden die Leute dort aus anderen Gründen nicht so alt, dass man Strahlenerkrankungen statistisch bemerken würde. Manche vermuten, die Evolution habe vielleicht dort Menschen bevorzugt, denen die Strahlung nichts ausmacht. Die Evolution braucht jedoch viele Generationen, viel mehr als in solchen Gegenden bisher ohne Zuwanderung und Vermischung gelebt haben.

Es ist jedenfalls kein akutes Risiko, das einen zwingen sollte, auf Ferien im Schwarzwald oder eine Reise nach Brasilien zu verzichten (nur der Nordosten, wo die Landschaft eh durch Erzbergbau zerrissen wird, hat diese höhere Strahlenbelastung). Vermutlich tut sich ein Raucher mit ein paar Zigaretten mehr Schaden an, als einige Wochen Aufenthalt in bestimmten Teilen des Schwarzwalds an Bestrahlung schaffen würden – wobei der Erholungswert insgesamt, mit Wechsel der Umgebung, frischer Luft und möglichst auch körperlicher Betätigung, vermutlich den etwaigen Strahlenschaden erheblich übertrifft.

Kernkraftwerke im ordnungsgemäßen Routinebetrieb belasten unsere Umwelt »am Kraftwerkszaun« weniger mit radioaktiven Stoffen, als es ein Kohlekraftwerk tut. Kohle enthält – in sehr geringer Konzentration – auch Uran und Thorium und deren Folgeprodukte. Verbrennt ein Kohlekraftwerk Tausende von Tonnen Kohle, so werden mit den Rauchgasen, Staub und Schlacke auch die nicht verbrannten Rückstände in die Umwelt entlassen, zum Beispiel das Radon, das sich kaum ausfiltern ließe. Die Entsorgung der verbrauchten Brennelemente ist natürlich eine ganz andere Geschichte, auf die ich später, im Rahmen der Energiegewinnung aus Kernkraft, eingehen werde.

■ Radon-Therapie in Höhlen

Es gibt viele körperliche Beschwerden, auf die Schamanen, Heiler, Kräuterweiblein, Barbiere, Ärzte und wer sonst noch alles keine wirksame Antwort gefunden haben. Es gibt auch jede Menge Behandlungen und Kuren, die diese Experten im Laufe der Jahrtausende angepriesen haben, die in guten Fällen keine Wirkung gehabt haben und in anderen Fällen sicherlich eher schädlich waren. Dazu zählen auch etliche Strahlenbehandlungen, mit Röntgenstrahlen und mit radioaktiven Materialien, die das medizinische Gewerbe schon propagierte, als die physikalischen Wirkungen noch nicht erforscht und die medizinischen Komplikationen längst nicht durchschaut waren. Selbst heute, da das Wissen viel größer ist, werden manchenorts noch Techniken angewendet, die eigentlich Grausen erregen müssten.

Das Baden in radioaktiven Quellen habe ich bereits erwähnt. Solebäder (salzhaltige Wässer ohne nennenswerte Radioaktivität) werden weltweit geschätzt, auch Seebäder profitieren von der Hoffnung, dass salzhaltige Luft den Atemwegen guttut. Es gibt ehemalige Salzbergwerke, deren feuchte, salzhaltige Luft für Atemwegserkrankungen lindernd wirken soll. So weit, so gut. Es gibt aber auch ehemalige Bergwerke, in denen Ärzte ihre Patienten stundenweise besonders radonhaltige Luft einatmen lassen. Edelgase haben keine bekannte Funktion im Stoffwechsel; das Edelgas Xenon (Kernladungszahl 54) wird allerdings gelegentlich als Narkosemittel verwendet. Es funktioniert offenbar als solches, aber der Wirkungsmechanismus ist bislang ungeklärt. (Das ist bei den anderen gängigen Narkosemitteln nicht viel besser: Der Patient findet am eigenen Leib heraus, was jeweils wirkt (oder nicht) und unter welchen Nebenwirkungen.) Von den leichteren (viel billigeren) Edelgasen Helium, Neon, Argon und Krypton werden solche Narkosewirkungen nicht berichtet; chemische Reaktionen der Edelgase sind sehr schwierig zu erzwingen. In der Praxis kann man davon ausgehen, dass Edelgase keine chemischen Verbindungen eingehen. Wenn man sie in geringer Konzentration einatmet, ist keine chemische Auswirkung zu erwarten.

Was kann man dann von ein paar Stunden »Radon-Therapie«, womöglich über Wochen wiederholt, erwarten? Aus Sicht eines Physikers allenfalls Strahlenschäden des Lungengewebes. Das schafft ein Raucher schneller. Sicher, ein Arzt mag sogar ehrlich davon überzeugt sein, dass seine Strahlentherapie einigen Patienten hilft, aber übertriebenes Wunschdenken hat wenig mit überprüfbaren Tatsachen zu tun. In diesem Fall der »unerklärten Wirkungsweise« spricht jede naturwissenschaftliche Einsicht gegen die Behauptung eines Nutzens, die eindeutig schädliche Wirkung von Alphastrahlung auf Lungengewebe gegen deren »Anwendung«. Wie können Mediziner solch eine »Behandlung« verschreiben, es sei denn, sie verdienen selbst kräftig daran? Solch eine persönliche Motivation des betreibenden Mediziners ist zwar nachvollziehbar, aber sie hat keine wissenschaftliche Basis für den angeblichen Vorteil des Patienten und keine nachvollziehbare gesundheitliche Rechtfertigung jenseits des Spruches »Glaube versetzt Berge«. Es soll ja Spontanheilungen geben, aber die sind wissenschaftlich nicht verstanden und haben sicherlich nicht mit Radon zu tun. Quacksalberei.

Übrigens: Der Mord an dem ehemaligen russischen Agenten Litwinenko 2006 in London wurde mit dem Poloniumisotop Po-210 durchgeführt. Dieses Isotop eignet sich so gut, weil es kaum Gammastrahlung aussendet, die man relativ einfach auf dem Transport oder aus dem vergifteten Körper kommend nachweisen könnte. Das Tückische an Po-210 ist aber, dass es fast nur Alphastrahlung aussendet, die (nach dem Essen oder Trinken) noch im Körper absorbiert wird (dort also ihren Schaden anrichtet). Bis man Verdacht geschöpft hat und mühsam die geringe Radioaktivität der Körperausscheidungen verlässlich gemessen hat, ist der Patient schon an den Strahlenschäden gestorben. Die Alphastrahlung des Radons ist von gleicher Energie, nur viel weniger intensiv (weniger häufig bei gleicher Menge an Material). Macht sie das zum Heilmittel? Wohl kaum.

■ **Höhenstrahlung im Flugzeug und auf den Bergen**

Auch ohne medizinische Beihilfe setzen wir uns gelegentlich mehr radioaktiver Strahlung aus als unsere Vorfahren, zum Beispiel beim Bergwandern oder gar Bergsteigen und beim Flug in die Ferien. Die kosmische Strahlung wird zum Teil durch die Atmosphäre aufgehalten, sodass in tieferen Luftschichten weniger davon ankommt. Neben dieser Primärstrahlung gibt es Sekundärstrahlung, also Strahlung, die freigesetzt wird, wenn die

Primärstrahlung in den höheren Luftschichten für Kernreaktionen sorgt; auch diese Strahlung wird durch mehr Luft besser abgeschirmt – in der Höhe wird also eine höhere Hintergrundstrahlung gemessen. Sie stammt nicht aus dem Gestein unter uns, sondern sie kommt von oben. Auf der Zugspitze, Deutschlands höchstem Berg (knapp 3000 m), ist die Strahlenbelastung etwa dreimal so hoch wie auf Meereshöhe. Im Himalaja sollte sie nach derselben Höhenabhängigkeit nochmals drei- bis zehnmal höher sein. Wer dort vier Wochen lang mit Trekking umherstapft, setzt sich einer Strahlenbelastung aus, die höher ist als zu Hause, aber immer noch geringer ist als die an einigen Stellen im Schwarzwald. Sonnenbrand und Erfrierungen sind viel wahrscheinlicher und sogar gravierender unter den Folgen. Im Gegensatz dazu ist über dem Toten Meer (mehrere Hundert Meter unter dem Meeresspiegel des Mittelmeeres) die Luftschicht so dick, dass kaum schädliche Komponenten im Sonnenlicht übrig bleiben.

Der Fernreise-Flugverkehr findet in Höhen statt, die über den höchsten irdischen Bergspitzen liegen. Die Strahlenbelastung von Flugpassagieren und Besatzung sollte demnach höher sein als die von Bergwanderern. Allerdings reisen sie in einer »Aluminiumdose«; diese hält Alphastrahlung ganz auf (von der gibt es dort auch fast keine), Betastrahlung zum Teil, Gammas eher nicht. Die hochenergetische Höhenstrahlung geht durch, ob Flugzeugrumpf oder nicht. Durch die dünnen Plexiglasfenster (Acryl) niedrig fliegender Flugzeuge dringt sogar die UV-Strahlung (anders als durch das Fensterglas unserer Wohnungen); die Druckkabinen hoch fliegender Flugzeuge erfordern zumindest dickere Fenster, sodass die Passagiere hinter den kleinen Fenstern nicht auch noch mit einem baldigen Sonnenbrand zu rechnen haben.

Was die radioaktive Strahlungsdosis angeht, die man als Passagier auf einem Langstreckenflug einfängt, so ist sie durchaus mit der geringen Strahlungsmenge zu vergleichen, die man bei einer Röntgenaufnahme der Lunge mit einer ordnungsgemäß eingestellten Röntgenapparatur abbekommt. Für Reisende, die ein paarmal im Jahr durch die Welt fliegen, ist das Strahlenrisiko ziemlich gering und gegenüber den vielen anderen Risiken des Reisens (Infektionskrankheiten, Zeitumstellung, Nahrungsmittel, Erschöpfung) zu vernachlässigen. Für das Bordpersonal, an mehreren Hundert Tagen im Jahr stundenlang in der Höhe unterwegs, ist die Belastung durch die Höhenstrahlung, zumal zu Zeiten erhöhter Sonnenaktivität und stärkeren Sonnenwindes, entsprechend höher. Mit täglich Zehntausenden von Flügen in aller Welt geht es um Hunderttausende von Piloten, Bordingenieuren und Flugbegleitern, sodass epidemiologische Studien eine hinreichende statistische Zuverlässigkeit erreichen können sollten. Erste Studien dieser Art haben keine signifikanten Schäden festgestellt. Das mag sich im Laufe der Jahre ändern: Solche Studien brauchen entsprechend große Vergleichsgruppen, die sich bis auf die Aufenthalte in der Höhe wenig von den eigentlich untersuchten unterscheiden. Nach der bisherigen Statistik gibt es keinen drastischen Effekt auf das Flugpersonal; das Strahlenrisiko für die Passagiere ist mit Sicherheit viel kleiner, falls sie nicht ebenso oft und lange fliegen wie das Personal.

Alle solche Abschätzungen sind vage. Erst seit Kurzem werden systematische Untersuchungen zur Strahlenbelastung des Flugpersonals unternommen. Dazu müssen bordtaugliche Strahlenmessgeräte entwickelt werden (der Luftdruck an Bord entspricht dem in etwa 3000 Meter Höhe), die Strahlensorten und ihre Energieverteilung müssen getrennt erfasst werden, jeder Flug muss für jede Person (wechselnde Dienstpläne und Einsatzgebiete, wechselndes Strahlenwetter) erfasst werden und über viele Jahre verfolgt werden. Das ist langwierig und teuer. Ergebnisse, die zuverlässiger sind als allgemeine Abschätzungen, brauchen viele Jahre der Datenerfassung.

Versuchen wir mal eine solche grobe Abschätzung: 180 Arbeitstage im Jahr, mit je einem Transatlantikflug von 8 Stunden. Davon finden ein bis zwei Stunden in niedriger Flughöhe statt, das sind die Zeiten nach dem Start und in der Warteschleife vor der Landung, also bleiben 6 bis 7 Stunden auf 11 Kilometer Höhe. Das summiert sich zu 1100 bis 1300 Stunden Aufenthalt in einer Höhe, in der die Strahlenbelastung etwa zehnmal so hoch ist wie am Boden im Flachland. Diese Flugstunden entsprechen etwa einem Siebtel der Dauer eines Jahres (das hat rund 8600 Stunden). Für eine solche Person bedeutet der Dienst über den Wolken demnach eine Strahlenbelastung, die um 130 Prozent (das 1,3-Fache) über der mittleren Strahlbelastung zu Hause liegt. Das ist nicht »gar nichts«, aber doch auch unter dem, was an vielen Orten auf dem Boden »zufällig« auch passiert, ohne dass eine Erkrankung der Bevölkerung durch die Strahlenbelastung statistisch signifikant erkennbar würde. Für die Einzelperson ist eine Strahlenbelastung sowieso erst bei einer viele Tausend Mal höheren Strahlendosis mit medizinischen Folgen erkennbar zu verknüpfen.

Und was ist mit unseren geplagten Vielfliegern, den Managern, die angeblich oder wirklich notwendigerweise durch die Welt jetten, um »die Wirtschaft« – oder wenigstens ihre Firma – am Laufen zu halten? Da gibt es einige wenige, die eine Million Flugmeilen im Jahr erreichen. Im Langstreckenflug beträgt die Reisegeschwindigkeit etwa

Rennpferde, Arier, kernlose Apfelsinen, Rosen mit schwarzen Blüten, Weizen für Kanada (kurze, heiße Sommer), geschmacksfreie Tomaten für jede Jahreszeit. Nun ja, mittlerweile können wir sogar einzelne Gene in fremde Lebewesen einschleusen, damit Saatgut und Unkrautvernichter in Zukunft immer von derselben Firma gekauft werden müssen. Doch ja, es gibt auch wissenschaftlich nützliche Anwendungen, wie eingeschleuste Leuchtstoffe, die in den verschiedensten Lebewesen anzeigen können, ob bestimmte gentechnische Veränderungen erfolgreich bewältigt wurden. Und selbst leuchtende Zierfische wollen doch auch Sie für Ihr Aquarium, oder etwa nicht? Die Modifikation von pflanzlichem Erbgut ist im Umbruch, Reagenzglasmethoden (wenn es so einfach wäre ...) lösen einen Teil der Züchtungsforschung ab. Tiere sind noch schwieriger gentechnisch zu verbessern, aber in Arbeit; gentechnisch veränderte Fahrradfahrer werden in Zukunft auf den großen Rundfahrten vielleicht kein Doping mehr brauchen – zumindest jedenfalls den Begriff des Dopings verschieben.

Zucht ist langwierig; man muss die nächste Generation abwarten (bei Bakterien 20 Minuten, bei Pflanzen ein paar Monate oder ein Jahr, bei Pferden ein paar Jahre, bei Menschen gar 18 bis 20). Das muss doch schneller gehen! Ja, in den 1950er-Jahren hat man dazu auch die Radioaktivität benutzt. Es war schon bekannt, dass (trotz der damals noch nicht erkannten Reparaturmechanismen) Erbmaterial in den Zellen geschädigt werden kann. In den Fällen, in denen trotzdem in der nächsten Generation ein lebensfähiges Wesen entsteht, spricht man von Mutation. Solche Mutationen treten spontan auf, durch Höhenstrahlung oder Untergrundaktivität, durch chemische Einflüsse und z. B. durch die Überkreuzung von Chromosomen, sodass nicht streng die Kopien der DNS von Vater und Mutter weitergegeben werden, sondern – abschnittsgenaue – Mischungen vorkommen. Da die Steuerprogramme der Zellen einiges an Variation verkraften und das gleiche Stück DNS unter verschiedenen anderen Bedingungen in der Zelle anders interpretiert werden kann, entstehen immer wieder Organismen mit neuen Eigenschaften und Fähigkeiten. Das stellt nicht immer eine Verbesserung dar, sondern meistens irgendeinen Nachteil. Dann besteht die Aussicht, dass diese neue Erblinie bald wieder ausstirbt – es sei denn, veränderte Umweltbedingungen wenden sie zu einem Vorteil für das Überleben der Art.

Als man das US-Programm *Atoms for Peace* in den 1950er-Jahren propagierte, gehörte dazu auch die Radioaktivität als Erfolgsgarant der modernen Pflanzenzucht. Pflanzen wurden in Beete rund um radioaktive Strahlenquellen gesät oder gesetzt; die erhöhte Mutationsrate (zufällige Erbgutveränderungen) sollte in kurzer Zeit zu besseren Pflanzen führen. Wussten die Pflanzen das nicht oder mochten sie nicht? Ja sicher, man kann durch Strahleneinwirkung die Mutationsrate erhöhen, aber die weitaus meisten Mutationen führen zu keiner lebensfähigen Folgegeneration (was die Voraussetzung für eine anschließende Vermehrung wäre), geschweige denn zu einer vorteilhaften. Man schießt mit Schrot auf einen Käfig voller Kaninchen und wundert sich, dass die meisten daran sterben?

■ Diesseits des Van-Allen-Gürtels

Für das Selbstbewusstsein älterer Herren in der Politik ist es anscheinend wichtig, dass ihr Land Menschen in eine Umlaufbahn um die Erde schicken und nach einiger Zeit wieder zurückholen kann. Dass solche Flüge für die Astronauten/Kosmonauten/Taikonauten von Interesse sind, kann ich schon eher verstehen: Sie können sich als Auserwählte, als Elite fühlen, gelten als etwas Besonderes, trainieren an exotischen Geräten, erfahren den fantastischen Blick auf die Erde aus dem erdnahen Weltraum.

»Zur Strafe« dienen sie als medizinische Versuchskaninchen; vor allem die ersten Astronauten mussten eine Vielzahl fieser medizinischer Tests über sich ergehen lassen, für die sich sonst wohl kaum Freiwillige gefunden hätten. Aber mit dem Lockruf von Ruhm und Ehre als Raumfahrer (als Beifahrer in einer weitgehend – außer im Pannenfall – von außen gesteuerten Kapsel) konnten die Versuche durchgesetzt werden. Ein hoher Prozentsatz der Raumflieger wird von der Raumkrankheit erfasst, eine Art dauerndes Unwohlsein mit Brechreiz – anscheinend nicht vorher testbar, und das nach solch aufwendiger Ausbildung! Das Blut verteilt sich ohne Schwerkraft anders im Körper, drängt auch in den Kopf – und erhöht die Neigung zu Kopfschmerzen.

Der deutsche Astronaut Ulf Merbold durfte schon mehrfach in den Weltraum fliegen, obwohl viele andere Schlange standen und hofften. Merbold galt als »unzerstörbar«: Was auch immer die Mediziner sich an schwindelerregenden Torturen ausdachten – er verkraftete das. Es gab also fast eine Garantie dafür, dass die Versuche in vollem Umfang durchgeführt würden. So etwas hat man in der medizinischen Forschung gerne – aber warum gilt diese Forschung als wichtig für die vielen, die nie einen Raumflug miterleben werden, die bei Weitem nicht so robust wie Ulf Merbold sind und »Nebenwirkungen« viel schneller erleiden?

Die meisten bemannten Raumflüge finden in relativ niedrigen Umlaufbahnen statt. Das hat zum einen den

Grund, dass die Raketen mehr Schubkraft brauchen, um mit dem Astronauten und seinen umfangreichen lebenserhaltenden Apparaturen eine größere Höhe zu erreichen, zum anderen gibt es dort die Van-Allen-Strahlungsgürtel. Das sind Bereiche, in denen das Magnetfeld der Erde schnelle Teilchen aus dem Sonnenwind (vor allem Elektronen und Protonen) eingefangen hat. Die rasen nun längs der Magnetfeldlinien von Nord nach Süd nach Nord nach Süd nach Nord, verursachen an den Enden des Bereichs die Polarlichter, würden aber auch leicht die Wände jeden Raumschiffs durchdringen und die Mannschaft – und die Bordelektronik – schädigen. Unterhalb der Van-Allen-Gürtel ist der Sonnenwind weitgehend abgeschirmt.

Mondflieger und irgendwann einmal Marsflieger versuchen, die Van-Allen-Gürtel entweder besonders schnell zu durchfliegen oder sie (im Norden oder Süden) zu umgehen. Marsflieger sind so lange (etwa ein Jahr pro Weg) unterwegs, dass mit großer Wahrscheinlichkeit in dieser Zeit auch größere Sonneneruptionen stattfinden (die Sonne ist viel unruhiger, als sie uns im sichtbaren Licht erscheint). Dann vervielfacht sich vorübergehend der Sonnenwind mit seiner energiereichen Protonenstrahlung. Die Strahlenmenge kann für einige Tage durchaus so hoch sein, dass ein wenig geschützter Raumfahrer ernsthaft von den Strahlen geschädigt wird oder gar eine tödliche Strahlendosis erhält. Bleiabschirmungen für die Astronautenkabine wären so schwer, dass die heutige Raketentechnik mit dem Transport in den Weltraum überfordert wäre.

Durch Sonnenwind (oder besser Sonnensturm) sind schon Erdsatelliten ausgefallen. Wenn – was nicht immer klappt – Sonnenstürme rechtzeitig erkannt werden, werden Kommunikationssatelliten nach Möglichkeit so gedreht, dass der erwartete Schaden klein gehalten wird. Während dieser Zeit können sie meist ihre normalen Aufgaben nicht erfüllen. Wenn die Schaltkreise und Chips an Bord der Satelliten schon nicht diese Strahlung verkraften, warum will man dann Menschen dorthin schicken, von denen man schon weiß, dass sie an zu viel Strahlung sterben?

Zurück zu unseren derzeitigen Astronauten unterhalb der Strahlungsgürtel. Zu niedrig darf die Flughöhe auch nicht sein, damit nicht die (dort sehr dünne) Atmosphäre die Satelliten abbremst. Auch die Internationale Raumstation ISS muss gelegentlich einen Raketenschubs erhalten, damit sie nicht schon abstürzt und verglüht, bevor sie überhaupt irgendwann fertiggestellt wird.

Böse Zungen behaupten, die erste sowjetische Astronautin, Valentina Tereschkowa, sei nicht irgendwelcher technisch-wissenschaftlicher Fähigkeiten wegen eingesetzt worden, sondern aus Propagandagründen und weil man wissen wollte, ob sie nach dem Flug, trotz der Strahlenbelastung im Weltraum, überhaupt noch Kinder bekommen könne. Mal abgesehen davon, dass ihre männlichen Kollegen Militärpiloten waren, während sie wohl eher ein ausgiebiges Fallschirmspringertraining hatte, war die Steuerung aller Raumkapseln weitestgehend auf Automatik ausgelegt; keiner hatte bei den frühen Raumflügen ernsthafte wissenschaftlich-technische Aufgaben, die wesentlich über die eines Versuchskaninchens hinausgingen. Tereschkowa gebar später ein anscheinend gesundes Kind; auch amerikanische Astronautinnen (z. B. Tammy Jernigan) bekamen Jahre nach ihren ersten Flügen mit dem Space Shuttle noch gesunde Kinder. Ist also die Strahlengefahr im Weltraum gar nicht so groß? Auch Überlebende der Atombombenabwürfe auf Hiroshima und Nagasaki haben gesunde Kinder geboren (nicht alle!).

Die Biologie der Säugetiere, also auch des Menschen,

ist anscheinend so hoch entwickelt, dass mit hoher Sicherheit (aber nicht perfekt, sonst würden keine Säuglinge mit Geburtsfehlern auf die Welt kommen) erbgutbeschädigte Embryos sich erst gar nicht voll entwickeln. Wenn sich unter diesen Umständen überhaupt ein Embryo zum Fötus und Kind entwickelt, stehen die Chancen gut, dass es ein lebensfähiges, funktionierendes Wesen sein wird. Strahlenschäden sind in der Regel nicht vererbbar, weil geschädigtes Erbgut und die meisten Mutationen nicht fortpflanzungsfähig sind – ob beim Planzen-Saatgut oder beim Menschen. Wir unterliegen den gleichen biologischen Regeln und Gesetzmäßigkeiten. Die Entwicklung des Fötus im Mutterleib findet allerdings unter biochemisch-biologischen Bedingungen statt, auf die der Gesundheitszustand der Mutter und die Lebensbedingungen und Lebensgestaltung der Eltern merklichen Einfluss haben: Unter- und Fehlernährung, Alkohol und Nikotin haben teils drastische Auswirkungen auf die Kindesentwicklung, die denen von Strahlenschäden in nichts nachstehen.

■ Radioaktiv markiert

Die neuen Methoden der gezielten Genmanipulation stellen noch immer ein Stochern im Dunkeln dar, der Aufwand ist viel höher als für die alten Verfahren, aber wegen der großen Hoffnungen auf enorme Gewinne ist diese Forschung weitgehend in privater Hand. Die wirtschaftliche Konzentration unter Saat- und Futtermittelhändlern ist international extrem fortgeschritten. Durch die inzwischen einbezogene Gentechnik werden die wenigen Großfirmen mit ihrer Monopolmacht noch weiter gestärkt. Sie nutzen die Radioaktivität jetzt nicht mehr in der billigen, ineffektiven Weise (wahllose Bestrahlung von Saatgut und Pflanzen), sondern zur Beobachtung der biochemischen und gentechnischen Manipulationen im Labor. Genauso hat auch die experimentelle Biologie an den Universitäten gelernt, bestimmte Stoffe, die sich aus chemischen Gründen an bestimmte Stellen in der Zelle oder im Gewebe anlagern, mit radioaktiven Stoffen (den radioaktiven Isotopen der sowieso auftretenden Elemente) zu markieren. Die chemische Verbindung wird injiziert, und Minuten später kann ein geeigneter Detektor nachweisen, dass der Stoff im Organ, Pflanzenteil oder Zellenteil angekommen ist, und in welcher Konzentration.

Zellen und Radioaktivität vertragen sich aber schlecht, wie wir wissen, und die Strahlungsdetektoren für radioaktive Strahlung sind viel gröber gebaut als unsere Augen mit ihrem optischen Abbildungssystem. In vielen Teilen der Forschung wurden die Versuche mit radioaktiven Markern inzwischen durch solche mit Farbstoffen ersetzt, die mit ausgewählten Lasern unter dem Mikroskop zum Leuchten gebracht werden. Dann kann man sehen, wo in der Zelle die Farbstoffträger angedockt haben, oder sogar, an welcher Stelle in welchem Biomolekül sie sich befinden – ohne dass die Zelle immer gleich zerstört wird.

Währenddessen nutzt man die radioaktiven Marker zum Beispiel zur Untersuchung des Stoffwechsels. Wie lange dauert es, bis ein mit bestimmten Materialien angereichertes Tierfutter vom Körper aufgenommen und verdaut wurde, wann wird das radioaktive Zeugs wieder ausgeschieden? Wie viel von bestimmten Chemikalien (aus nicht radioaktiven Elementen) kann man demnach dem Menschen in seiner Medizin zumuten, nach wie vielen Minuten kann die Wirkung einsetzen, nach wie vielen Tagen wird die Chemie wieder ausgewaschen? Diese *Tracer* (Spurengeber) sind für die Pharmazie und Medizin unbestreitbar wertvoll. Gleichzeitig bereiten sie den Weg für den gezielten Einsatz radioaktiver Stoffe im Körper.

■ **Heilen und zerstören mit Strahlentherapie**

Wenn man mit Strahlen »das Innere des Körpers sichtbar machen« kann, kann man dann nicht das Konzept umdrehen und gezielt Strahlen im Körper wirken lassen? Hundert Jahre nach der Entdeckung der Röntgenstrahlung und der Radioaktivität lautet die Antwort: ja, aber ... Die Angelegenheit ist viel komplizierter, als man die meiste Zeit gedacht hat, und viele experimentelle Verfahren, die im Laufe der Zeit ausprobiert wurden, haben wohl mehr Schaden als Nutzen angerichtet. Die für die Strahlentherapie entwickelten Geräte waren (und sind) oft sehr teuer, aber in dem Alter, in dem Politiker Einfluss auf die Vergabe von Forschungsgeldern haben, sind sie selbst oft schon gebrechlich und haben ein offenes Ohr für die Werber der medizinischen Forschung, die ihnen Wundermittel gegen Altersprobleme und Krebs in Aussicht stellen.

Böse Zungen behaupten, es sei nicht überraschend, dass das amerikanische *National Institute of Health* über Jahre hinweg immer mehr Forschungsgelder bekommen habe, auch als gleichzeitig »wegen Geldmangels« die Bundesmittel für fast alle andere wissenschaftliche Forschung gekürzt wurden: Man brauche nur abzuzählen, wie viele Senatoren und Kongressabgeordnete Herzschrittmacher und Prothesen der verschiedensten Art trügen oder bereits Herzoperationen oder Krebsbehandlung (selbst oder in der Familie) mitgemacht hatten, wie viele gern den absehbaren eigenen Tod noch hinausschieben würden. Reiche Leute, die alt und krank sind, sind wohl auch eher geneigt, sich mittels einer Stiftung zur Erforschung der Krankheit, an der sie selbst leiden, ein ehrendes Angedenken zu erkaufen. Wenn dann eine teure Apparatur beschafft oder gar ein Institut eingerichtet ist, muss auch damit gearbeitet werden; es gibt keine Möglichkeit, die zweckgebundenen Mittel umzutopfen. Krebs war und ist ein Dauerbrenner in der Forschungsförderung, der Sieg über den Krebs schien jahrzehntelang mehrfach »fast in Reichweite« – und wurde doch nie erreicht.

Es gibt durchaus Mediziner, die den medizinischen Forschungsförderungsbetrieb als eine Art Zirkus sehen und die bedauern, dass nicht so sehr Vorsorge und Aufklärung gefördert werden, von denen viele Leute gesundheitlich profitieren würden, sondern relativ viel Geld in die vermeintliche Lebensverlängerung durch aufwendige Verfahren fließt, die sich am Ende nur Reiche leisten können. Wie so vieles, so ist auch die Grundlage solcher Polemik nicht verlässlich: Es gibt Krebsarten (und andere Krankheiten), die früher fast nur alte Menschen befielen, heute aber auch bei immer jüngeren Leuten festgestellt werden. Warum das so ist, ist ziemlich unklar, und die möglichen Therapien sind es auch – trotz intensiver Forschung. Es gibt die Ansicht, dass – aller medizinischen Propaganda zum Trotz – unsere erhöhte Lebenserwartung im Vergleich etwa zur Zeit vor 150 Jahren nur zu einem unwesentlichen Teil auf die Fortschritte der Medizin zurückzuführen ist. Ausschlaggebend waren stattdessen bessere Ernährung und Hygiene.

Die meisten Erkrankungen bewältigt das körpereigene Immunsystem – es gibt noch immer kein wirksames Mittel gegen eine so häufige Viruserkrankung wie den Schnupfen. Das Immunsystem macht mit seinem Menschen vielerlei Kinderkrankheiten durch, in denen es »lernt«, auf neue Angriffe zu reagieren. Die Schwere einiger dieser Erkrankungen nimmt zu, wenn man sie als Erwachsener erstmals erleidet. Ironischerweise rächt sich hier eine – übertriebene – Hygiene im Haushalt, mit der die Kinder vor jeglicher Infektionsquelle bewahrt werden sollen. Die Evolution hat sich noch nicht auf die neumodische Überflutung mit Reinigungschemikalien eingestellt.

In diesem skeptischen Licht sollte man auch die Forschung an der Strahlentherapie sehen, auf die ich im Folgenden eingehe – einiges daran war furchtbar, in anderen Fällen bietet sie Hoffnung, allerdings nur für relativ wenige.

Das Wort »Strahlentherapie« suggeriert Heilung. Alle Strahlentherapie mit ionisierender Strahlung zielt jedoch auf Tötung, auf Vernichtung der Zellen und Zellbereiche, die sich unbotmäßig verhalten, in der Regel Krebszellen, die sich ungeordnet vermehren und die eigentliche Körperstruktur verdrängen und stattdessen Tumore bilden. Kann ein Arzt Krebszellen im Körper von gesunden Zellen unterscheiden? Erst dann, wenn so viele davon an einer Stelle vorhanden sind, dass die Gewebestruktur sich verändert hat. Dann hat der Krebs oft schon Metastasen (Tochtergeschwülste) anderswo gebildet, die aber meist noch zu klein sind, um irgendwie sichtbar zu werden. Gibt es ionisierende Strahlung, die zwischen Krebszellen und gesunden Zellen unterscheiden kann, also auf die einen schädigend wirkt, aber die anderen in Ruhe lässt? Nein. Trotzdem, es gibt Krebsbekämpfung mittels ionisierender Strahlung, und es gibt Heilungserfolge. Natürlich nicht in jedem Fall, und immer ohne Garantie der Dauer.

Das Gleiche gilt für Chemikalien (Medikamente). Auch sie können nicht eindeutig zwischen gesunden und Krebszellen unterscheiden. Meines Wissens sind die Unterschiede zwischen den Zellen viel zu subtil, als dass derzeit bekannte Stoffe sie sicher erkennen könnten – allen Versprechungen in der Regenbogenpresse zum Trotz.

Wir müssen für eine Erläuterung der Strahlenmedizin die zwei Sorten ionisierender Strahlung unterscheiden, Photonen (Licht sehr hoher Energie, also Röntgen- und Gammastrahlung) und Teilchen (Neutronen, Protonen, schwere Ionen), weil sie in ihrem Verhalten im Körper so unterschiedlich sind. Zur Veranschaulichung stellen wir uns vor, in diesem Buch gäbe es einen Tintenklecks, der sich von Seite 31 bis 36 erstreckt. Der stellt den irgendwie diagnostizierten Tumor dar, der durch Bestrahlung von außen vernichtet werden soll. Vielleicht ist die Stelle nicht durch eine Operation erreichbar, ohne lebenswichtiges anderes Gewebe dabei zu beschädigen, vielleicht soll nach einer Operation zusätzlich verdächtiges Gewebe abgetötet werden. Das Buch ist zugeklappt – man muss also zunächst Methoden entwickeln, einen Strahl an die Stelle zu senden, die man sich auf Röntgenbildern ausgeguckt hat.

Röntgenstrahlung formt man zu einem schmalen Strahlenbündel, indem man von den Seiten her Schwermetallblenden heranführt, die Röntgenstrahlung absorbieren; anders als in Autoscheinwerfern kann man diese Strahlung nicht einfach mit einem Hohlspiegel bündeln (aber es wird an trickreichen Abbildungssystemen gearbeitet, die auch Röntgenlicht teilweise bündeln können). Die Richtung der Strahlen kann man einstellen, aber was richtet die Röntgenstrahlung eigentlich an? Ein Teil von ihr wird von der Materieschicht, auf die sie trifft, absorbiert (verschluckt). Wie schon zuvor erläutert, reißt die

passende medizinische Behandlung erfahren. Wäre das radioaktive Material nicht an der Grenze aufgehalten worden, wäre es in einem Hochofen gelandet, hätte Häuser, Autos, Stahlmöbel, was auch immer verseuchen können. Besser gebildete Diebe hätten wohl ihre Finger davon gelassen.

Auf eine hinreichende (aber nicht zu sehr ausgeprägte) Bildung der Diebe hoffen auch die Operateure unseres Schwerionenbeschleunigers an der Universität. Aus verschiedenen Gründen wurden beim Bau der Anlage Zonen eingeplant, in denen ionisierende Strahlung auftreten und vielleicht die Gesundheit schädigen kann; davor muss gewarnt werden. Die Anlage ist inzwischen so weit verbessert, dass diese Zonen eigentlich viel kleiner geworden sind. Die Warnschilder vor radioaktiver Strahlung wurden wohlweislich am alten Ort belassen – um Diebe abzuschrecken.

■ Hoffnung durch Schwerionentherapie

Die durchdringende Röntgen- oder Gammastrahlung wird in dem getroffenen Material weniger (die Menge nimmt ab), aber die Energie (die Qualität) des noch nicht verbrauchten Photons bleibt erhalten. Die verbleibende Strahlung kann weiterhin ionisieren und damit biologisches Zellgewebe schädigen. Man kann angeben, wie dick eine Schutzwand aus Mauerwerk oder aus Bleiziegeln angelegt werden muss, damit die Hälfte der Photonenstrahlung aufgehalten wird. Noch so eine Wand dahinter, und von der restlichen Strahlung wird die Hälfte aufgehalten und so weiter. Wie wenig auch immer übrig bleibt, das wenige hat im Einzelfall die gleiche Wirkung wie ein einzelnes Photon am Anfang.

Teilchenstrahlung verhält sich ganz anders. Teilchen werden »stückchenweise« abgebremst, bis sie schließlich so langsam sind, dass sie keinen weiteren Schaden mehr anrichten können. Wir können ausmessen, wie dick eine Wand sein muss, um dieses Ziel für eine bestimmte Teilchensorte und Anfangsenergie zu erreichen. Machen wir die Wand ein bisschen dicker, dringt keine Teilchenstrahlung (dieser Sorte und anfänglichen Energie) mehr durch. Gegen Teilchenstrahlung (von außen) können wir uns (im Prinzip) perfekt schützen. Machen wir die Wand etwas dünner, finden wir (mit einiger Streuung der Energien) einen (aufgeweiteten) Strahl von energiearmen Teilchen – so was hat tatsächlich Anwendungen in der Grundlagenforschung.

Der ganz wichtige Unterschied zu den Photonen liegt darin, dass sehr energiereiche Teilchen in einer dünnen Mauer weniger stark abgebremst werden als solche Teilchen, die schon weniger Energie haben, also eh langsamer sind. Wie wirkt sich das aus? Kehren wir zu unserem Beispiel mit dem angenommenen Tintenklecks/Tumor auf den Seiten 31 bis 36 dieses Buches zurück. Wenn die Energie der Teilchen anfangs überhaupt groß genug ist, bis etwa Seite 37 oder gar 39 vorzudringen (aber nicht weiter), so verlieren die Teilchen im Umschlag und auf den ersten zehn Seiten wenig an Energie, auf den nächsten zehn etwas mehr, zwischen Seite 21 und 30 wieder etwas mehr, sie werden nun merklich langsamer und kommen kaum noch voran. Sie verausgaben sich zwischen Seite 31 und 36 und gelangen soeben noch hechelnd und erschöpft bis Seite 38. Prima! Das bedeutet geringe Strahlenschäden in den ersten 30 Seiten, fast alle Strahlenschäden innerhalb des »Tumors«, praktisch keine Strahlenbelastung im Buch/Gewebe dahinter. Sehr schön – auf dem Papier.

Nun ja, die Wirklichkeit ist ein bisschen komplizierter, es gibt Sekundärprozesse, es könnte auch Röntgenstrahlung frisch erzeugt werden usw. Aber im Prinzip ist es mit energiereichen Strahlen elektrisch geladener Teilchen (vorzugsweise schwerer Ionen) möglich, die Energie in einer vorbestimmten Tiefe im Ziel (dem menschlichen Körper) abzuladen, die Schäden in diesem kontrollierten Bereich möglichst groß zu machen (damit man mit wenig Strahlung auskommt, der Tumor aber abstirbt) und anderswo so klein wie irgend möglich zu halten. Erstaunlich, aber wahr.

Am GSI Helmholtzzentrum für Schwerionenforschung in Darmstadt ist seit Jahren ein Prototyp eines Behandlungsplatzes (mit Kohlenstoffionen) aufgebaut und hat sich hervorragend bewährt. Das erste deutsche klinische Modell entsteht in Heidelberg, einige wenige weitere sind in Vorbereitung. In Japan gibt es etwas Vergleichbares, es werden sicher noch viele mehr davon gebaut. Warum nicht eher und nicht mehr?

Zunächst zur Vorgeschichte und zur Physik der Sache. Wie wir längst wissen, durchdringen Alphateilchen von MeV (Millionen Elektronvolt) Energie kaum die Haut. Solche Strahlung aus radioaktiven Präparaten lässt sich nur schwer bündeln. Es ist sinnvoller, wie im Beispiel der Kobaltbombe, einen Teilchenbeschleuniger zu bauen, der uns die passenden schnellen Teilchenstrahlen liefert, mit genügend vielen Teilchen und bei der gewünschten Anfangsenergie. Die ersten solchen Maschinen, die zumindest diese MeV-Strahlenenergie liefern konnten, entstanden in den 1930er- und 1940er-Jahren – aber diese Energie reicht ja nicht aus, in den Körper wirklich einzudringen.

Mit Protonenstrahlen erreicht man die nötige Geschwindigkeit (und damit Energie) und Teilchenstromstärke leichter, aber es wird auch weniger Energie im Zielgebiet abgegeben. Seit den späten 1950er-Jahren gibt es Versuche mit diesem medizinischen Ziel, sie wurden an den jeweils größten Beschleunigeranlagen der Elementarteilchenphysik durchgeführt. Zeitweise probierte man (elektrisch nicht geladene) Neutronenstrahlen aus Kernreaktoren aus, die sich aber schlecht auf ein Ziel konzentrieren lassen. Mehrfach geladene schwere Ionen – zum Beispiel die Kerne von Kohlenstoff (Kernladungszahl 6) – versprachen, einen schwereren, mächtigeren »medizinischen Hammer« darzustellen, aber die höhere elektrische Ladung erfordert dazu einen noch viel mächtigeren Teilchenbeschleuniger.

Das bereits erwähnte Projekt in Heidelberg (weitere sind im Bau) benutzt Kohlenstoffionen einer Energie von 270 Millionen Elektronvolt pro Nukleon, also über 3 Milliarden Elektronvolt insgesamt. Das ist tausendmal mehr, als die typischen Alphateilchen aus dem radioaktiven Zerfall aufweisen. Die Vorversuche in Darmstadt haben sich über viele Jahre hingezogen, um sicherstellen zu können, dass die Behandlung nach bestem Wissen und Gewissen und medizinischem Verständnis durchgeführt werden könne. Der technische Aufwand ist enorm – der Apparat am Ende des Beschleunigers und des Strahlführungssystems, der um den Patienten kreist und den Ionenstrahl mit Millimetergenauigkeit an die richtige Stelle senden muss, hat allein schon eine Masse von etwa 600 Tonnen und muss unter wechselnden Bedingungen zuverlässig funktionieren. Da geht es wirklich um die Qualitätssicherung eines komplexen medizinisch-technischen Verfahrens und um die sichere Verhinderung von Kollateralschäden, die durch irgendwelche technischen Aussetzer hervorgerufen werden könnten.

Wegen des großen technischen Aufwandes wählte man Krebspatienten, für die keine andere Methode anwendbar war, zum Beispiel solche mit Tumoren hinter den Augen oder an der Schädelbasis. Um die Ionen zielgenau in den Tumor und seine nächste Nachbarschaft zu senden, ohne aber unnötig gesundes Gewebe zu zerstören, wird in aufwendigen Modellrechnungen nach den Maßen des Patienten und dessen Verteilung von Knochen, Muskel- und Fettgewebe ausgerechnet, welche Energie der Ionenstrahl bei welcher Einschussrichtung haben muss; es muss aber nicht nur ein Punkt getroffen werden, sondern eine dreidimensionale, räumliche Figur im Innern eines lebenden Schädels »nachgezeichnet« werden. Auch während der Bestrahlung wird der Strahl immer wieder auf schnelle Detektoren abgelenkt, damit er in seinen Eigenschaften überprüft und nachgestellt werden kann.

Der Aufwand ist so groß, dass in den Vorversuchen nur etwa zwei Dutzend Fälle pro Jahr drankamen. Bestrahlungen müssen häufig mehrfach durchgeführt werden, weil der Körper sich erst erholen muss, bevor man ihm neue Schäden zumutet; das getötete Gewebe zersetzt sich und muss vom Körper abgebaut werden wie die Giftstoffe vom Sonnenbrand. Da zeigte sich, dass die Bestrahlung mit energiereichen schweren Ionen über Erwartung erfolgreich war; die Patienten kamen mit weniger Bestrahlungen als befürchtet aus, die unerwünschten Schädigungen blieben gering, einige ansonsten hoffnungslose Fälle (sonst hätte man sie gar nicht zugelassen) konnten geheilt werden.

Solch eine hohe Erfolgsquote lässt sich nicht unbedingt auf Dauer erreichen und schon gar nicht garantieren. Wenn man solch eine Anlage im Dauerbetrieb laufen lässt, mit vielleicht einer halben Stunde Zeit für Patienten-vorbereitung (sehr genaue Positionierung und Fixierung, damit der Strahl die richtigen Stellen trifft) und Bestrah-lung, kommt man optimistisch gerechnet auf vielleicht 16 Patienten pro Acht-Stunden-Tag. Wie wählt man die unter Millionen Krebskranken aus? Die technischen Einrichtun-gen solch einer Schwerionen-Therapieanlage sind teuer in Bau und Betrieb, aber eine Behandlung im Routinebetrieb ist nach den derzeitigen Schätzungen nicht einmal beson-ders teuer – nach den Maßstäben der Krebsmedizin. Die Wartelisten sind lang, solange es in der ganzen Welt so wenige Stellen gibt, an denen dieses Verfahren erprobt wird. Die älteren, im Vergleich schon veraltet erscheinen-den, kleineren Anlagen (mit Protonenstrahlen) sind aus-gelastet und berichten ebenfalls Erfolge. Aber nicht jeder Krebs ist auf diese Weise behandelbar, es gibt kein Patent-rezept gegen Krebs, es gibt keine Garantie dafür, schnell genug herauszufinden, was im Einzelfall überhaupt hilft. Freuen wir uns für diejenigen Patienten, denen, weil ihr Fall so hoffnungslos erschien, die Behandlung an einer Hightech-Anlage vergönnt war – die dann Erfolg hatte.

■ Radioaktivität im Körper: Radionuklide

Ganz anders, obwohl auch von einem Teilchenbeschleu-niger abhängend, ist der Einsatz von Radionukliden, von radioaktiven Substanzen im Körper. Wir wissen, dass Al-pha- und Betastrahler Heliumkerne bzw. Elektronen aus-senden, die im Körpergewebe nicht weit kommen. Was wäre, wenn wir die Strahler in den Tumor setzen könn-ten und die Strahlung dann den Tumor von innen her zerstören würde? Das wäre schon gut, und es wird tatsächlich praktiziert. Anfangs versuchte man, Nadeln mit einer Radiumspitze von außen her in den Patienten zu bohren (wem es schlecht geht, macht vieles mit, wenn der Arzt es anrät!). Abkömmlinge dieses Verfahrens werden zum Beispiel in der Prostatabehandlung eingesetzt. Eleganter erscheint es da auszunutzen, dass bestimmte Elemente in bestimmten Organen angereichert werden, wie etwa Iod (Kernladungszahl 53) in der Schilddrüse. Es gibt Iodmangel (deshalb wird Ihnen iodiertes Speisesalz empfohlen und Ihrem Wellensittich Iodkörnchen) und Iodüberschuss. Bei einer Überfunktion der Schilddrüse spritzt man mit dem radioaktiven Isotop I-131 (»Radioiod«) angereichertes Iod ins Blut; das sammelt sich binnen Minuten (weitgehend) in der Schilddrüse und richtet dort einen gewissen Strahlenschaden an. Die Radioaktivität klingt mit einer Halbwertszeit von acht Tagen ab, das überschüssige Iod wird mit dem Urin ausgeschieden. Die geschwächte Schilddrüse arbeitet – so hofft man – anschließend im normalen Bereich. Im Prinzip ganz einfach. Aber die Schilddrüse hat viele Funktionen und mögliche Funktionsstörungen; vielerlei Tests sind notwendig, um einen verlässlichen Befund zu erstellen – Körperfunktionen sind ausgesprochen komplex, und Mediziner, die sich mit der Nuklearmedizin beschäftigen, haben viel zu lernen. Wenn nach einer Kernwaffenexplosion oder einem schweren Reaktorunfall I-131 in der Umwelt verteilt wird, gibt man Iodtabletten, um die Schilddrüse mit den harmloseren Iodisotopen aufzufüllen und sie für ein paar Tage gegen die (nur kurze Zeit drohende) radioaktive Einlagerung zu sperren.

Auch ein paar andere Organe kann man mit ähnlichen Ansätzen erreichen. Die Medizin sucht zum Beispiel nach

Enzymen, Eiweißen (Proteine), die sich ganz selektiv an Krebszellen anlagern – die würden auch Metastasen finden. Wenn man dann in diese komplexen Moleküle radioaktive Stoffe einbaute, könnte man deren zerstörerische Wirkung genau dorthin transportieren, wo sie gebraucht wird. Ein vielversprechendes Prinzip – aber die Suche nach geeigneten Trägersubstanzen ist mühsam und langwierig, und sie dauert noch an.

Eine Vorstufe existiert schon, die sogenannte Szintigrafie. Dabei fängt man radioaktive Strahlung (Gammas) aus dem Körper mit Szintillationskristallen oder -flüssigkeiten auf, die (schwache) Lichtblitze abgeben, die man wiederum in Fotovervielfachern nachweisen kann. Daraus kann man ein Bild gewinnen, wo im Körper bestimmte Strahlung ausgesandt wird, und damit bestimmte Funktionen oder Funktionsstörungen orten – allerdings nicht sehr präzise.

Ende 2006 haben wir eine weitere »Anwendung« von Radionukliden im Körper kennengelernt: Der ehemalige russische Geheimdienstler Litwinenko wurde durch Po-210, ein Alphateilchen aussendendes Isotop des Polonium, umgebracht: Schwermetalle sind sehr giftig; zusätzlich wirkte die intensive Alphastrahlung, aber auch erst, als die kleine (und auf dem Markt enorm teure) Materialmenge in den Körper eingeschleust worden war. Dieses Poloniumisotop sendet wenig Gammastrahlung aus und ist deshalb aus der Entfernung kaum zu entdecken. Selbst an dem Patienten Litwinenko, der schon schwer strahlengeschädigt das Krankenhaus aufsuchte, musste man es erst mühsam anhand der Alphastrahlen aus seinen Körperausscheidungen nachweisen. Man konnte ihm nicht mehr helfen, sondern nur die Mordwaffe nachweisen.

■ Tomografie (PET)

Bei der oben angesprochenen Krebstherapie mit Röntgenstrahlung tritt auf der abgewandten Seite des Patienten
noch Röntgenstrahlung aus dem Körper aus. Irgendwann
kam jemand auf die Idee, ihre Stärke zu messen und mit
aufwendigen Rechenprogrammen auszurechnen, auf welche Hindernisse sie im Körper gestoßen sein musste.
Aus der Vielzahl von Messungen in verschiedenen Richtungen berechnete man ein Bild vom Körperinneren: die
Tomografie, die scheibenweise Durchleuchtung des Körpers, war erfunden. Mit ihr gelang es, »zerstörungsfrei«
(nun ja, zerstörungsarm) dreidimensionale Röntgenbilder
zu errechnen. Die räumliche Auflösung (der Detailreich-
tum) war allerdings nicht besonders hoch, weil nur große
Detektoren empfindlich genug sind, aber das Bild nicht
»scharf« sehen, und weil kleine Detektoren, die genauer
hinschauen können (feineres Bild), mehr Strahlung brauchen – was die Patienten nicht vertragen.

Eine riesige Verbesserung wurde erzielt, als die Strahlungsquelle in den Körper gelegt werden konnte, in der
Positronen-Emissions-Tomografie (PET). Es gibt radioaktive Isotope, die Positronen, die positiv geladenen Vettern des Elektrons, aussenden. Positronen und Elektronen
sind Antiteilchen zueinander. Wenn sie einander treffen,
zerstrahlen sie in zwei Photonen von je 511 keV (Kiloelek-
tronvolt), die exakt Rücken an Rücken beginnen und mit
Lichtgeschwindigkeit voneinander wegfliegen. Wenn ich
(mit zwei Detektoren) beide Photonen nachweise, weiß
ich, dass sie genau auf der Verbindungslinie zwischen
den Detektoren entstanden sind. Wenn ich den Zeitunter-
schied ihres Eintreffens auf eine Zehnmilliardstelsekunde
genau messe, kann ich den Ursprungsort auf drei Zenti-

meter genau bestimmen. Mittlerweile gibt es Geräte, die schaffen das auf Millimeter genau.

Die Moleküle mit den Atomen, die die Positronen aussenden, melden bestimmte Körperfunktionen. Inzwischen kann man mit der *funktionellen PET-Analyse* in Echtzeit beobachten, welche Gehirnteile auf welche Aufgaben und Gedanken hin aktiv reagieren. Gedankenlesen mithilfe der Radioaktivität? So weit sind wir zum Glück noch nicht, die Komplexität des menschlichen Gehirns wird so etwas auch auf absehbare Zeit nicht zulassen.

■ Magnetresonanztherapie (MRT)

In Konkurrenz zur Computertomografie (»CT-Scan«) mit Röntgenstrahlen steht die Untersuchung mittels kernmagnetischer Resonanz. Bei der Magnetresonanztherapie (MRT oder MRI) wird der Patient in ein starkes gleichförmiges Magnetfeld gelegt, dem ein örtlich und zeitlich veränderliches Magnetfeld überlagert wird. Dann wird eine Hochfrequenzwelle eingestrahlt, die Mikromagnete der Protonen im Wasser des Körpers werden erst ausgerichtet und dann gezielt gestört, ihre Erholung (»Relaxation«) wird gemessen. Daraus kann man bei geeigneter Gestaltung der Magnetfelder und des Hochfrequenzpulses Bilder vom Inneren des Körpers errechnen, weil der Hochfrequenzpuls nur etwas bewirkt, wenn er »in Resonanz« mit den atomaren Magneten treten kann, und der Ort und die Zeit dafür werden über die Magnetfelder gesteuert.

Wie, keine ionisierende Strahlung, keine Radioaktivität? Korrekt. Als die Computertomografie mit Röntgenstrahlung gerade in Mode kam, trat zufällig auch die nach derzeitiger Kenntnis völlig ungefährliche MRT-Technik auf die Bühne, in den USA zunächst *Nuclear Magnetic Resonance* (kernmagnetische Resonanz), kurz NMR, genannt. Weil so viele Leute Angst vor Dingen haben, in deren Name »Kern« auftaucht, wurde aus Geschäftsgründen der Name in MRI (*Magnetic Resonance Imaging*, Bildgebung mit magnetischer Resonanz) geändert.

Wann nennen wir Kirschkerne und Kernbeißer um? Was wird aus »des Pudels Kern« in Fausts Osterspaziergang? Noch schlimmer scheint fast nur »Atom« zu sein; Atombombe, Atomkraftwerk – dabei bestehen wir alle und auch unsere Umwelt aus Atomen. In Atombombe und Atomkraftwerk werden *Kern*kräfte genutzt, die vielfach stärker sind als die Kräfte zwischen den Atomen oder zwischen dem Atomkern und der Elektronenhülle. Wie wäre es mit besserer Information statt Angstmache mit Kampfbegriffen?

■ Bestrahlung von Lebensmitteln

Seit Anfang des 20. Jahrhunderts ist bekannt, dass Röntgenstrahlung Keime abtötet; schon damals wurde ein Verfahren patentiert, mit dessen Hilfe Lebensmittel haltbar gemacht werden können. Was heißt hier »haltbar«? Bakterien, Schimmel und Kleingetier nähren sich auch von großen Tieren wie uns selbst und von unseren Lebensmitteln. Unsere Körperzellen wehren sich gegen die Angriffe der fast allgegenwärtigen Mikroben, mit denen wir, seit es entwickeltes Leben gibt, um Ressourcen konkurrieren. Lebensmittel wie abgeerntetes Gemüse oder Obst, tote Tiere (Fleisch, Wurst, Fisch, Geflügel) oder Milch, Speiseeis

tiven Ersteinsatz von Atombomben durch die USA vorgemacht. Israel hat sich (mit französischer Hilfe) Kernwaffen als Lebensversicherung per Rachedrohung gegen seine Nachbarn zugelegt. Indien und Pakistan halten ihre friedlose Nachbarschaft durch die wechselseitige Drohung mit Kernwaffen im Patt; mehrere andere Staaten haben sich an die Kernwaffenentwicklung begeben, sie aber angesichts der Mühen und Kosten nicht zu Ende gebracht. Südafrika hat anscheinend ein halbes Dutzend Atombomben gebaut (gegen wen eigentlich?), sie aber auch wieder verschrottet (»bevor die Schwarzen an die Macht kommen!«). Nordkorea hat Atombomben gebaut (zwei davon getestet) und will auf diese Weise einer angeblich drohenden militärischen Invasion durch die Amerikaner vorbeugen.

Den Iranern kann man kaum verdenken, wenn sie den Atomwaffenbesitz als politisch erstrebenswert ansehen, denn sie haben erlebt, wie im Krieg mit dem Irak die Gegenseite von den Amerikanern unterstützt wurde; mittlerweile gibt es sogar amerikanische Truppen im Westen und im Osten ihrer Landesgrenzen (Irak, Afghanistan). Seit der Revolution gegen den Schah und der Besetzung der US-Botschaft in Teheran erleben die Iraner ein weitreichendes technisches Embargo und eine teils wüste Rhetorik seitens des Westens. Beide Seiten sind in undurchsichtiger Weise in den Nahostkonflikt verstrickt. Irans Plan, (als Ölförderland!) mehr als ein Dutzend Kernkraftwerke zu errichten, klingt nach Großmannssucht und lässt befürchten, es gehe eigentlich um eine Quelle für reichlich viel Material zum Bau von Kernwaffen. Der erfolgreiche, teils geheime und in Bunkern vor einfachen Angriffen geschützte Aufbau von Zentrifugen zur Urananreicherung (nur für Kraftwerke, wie die eine Propagandaseite behauptet, oder auch für Kernwaffen, was die andere Seite sagt) reizte offenbar irgendeine Gruppe zu einem informationstechnischen Sabotageakt: der eingeschleuste Computerwurm *Stuxnet* steuerte die Zentrifugen so, dass schwer bemerkbare Fehlfunktionen eintraten, die das Anreicherungsergebnis von langen Wochen wieder zunichtemachten. Da werden politische Machtspiele ausgetragen.

Terrorgruppen hätten liebend gern teil an solcher Macht, wie sie in ihren Augen Kernwaffen darstellen; Terrorgruppen haben dabei den Vorteil, dass sie kein Territorium und keine Bevölkerung zu verteidigen haben, die – auch im Falle von Atomwaffenstaaten – durch Vergeltungsschläge bedroht sein könnten. Ihr Imponiergehabe, ihre Großmannssucht sind in dieser Hinsicht straffrei. Wie verlockend ist das für Leute, die anscheinend das Schwarz-Weiß-Denken eines Kindergartenkindes und die Allmachtsfantasien pubertierender Jungendlicher nicht überwunden haben. Wie erschreckend für Menschen, die sich in ihrem Wohlstand eingerichtet haben und denen von ihren eigenen Politikern eingeredet wird, sie seien jetzt alle gefährdet, es sei denn, sie gäben Geld und Einfluss an ebendiese Politiker, die auch nicht unbedingt immer sonderlich vertrauenerweckend wirken.

Machen wir einen Ausflug in die Geschichte und in die Technik und Wirkungsweise von Kernwaffen. Dann wird uns nicht unbedingt wohler sein, aber wir können das Gerede, die Drohung und die Panikmache, vielleicht besser einschätzen. Und vielleicht teilen Sie dann meine Einschätzung, dass einige der politischen Probleme der Kernenergienutzung einen historischen Hintergrund in der Verflechtung mit der Kernwaffentechnik und -politik haben.

Noch etwas: Die Vereinten Nationen haben vor Zeiten die Internationale Atomenergie-Agentur (IAEA) in Wien ins Leben gerufen, deren Inspekteure – nur mit Zustimmung der jeweiligen Länder – auch Kernkraftwerke und entsprechende andere Anlagen besuchen und überprüfen sollen, dass kein spaltbares Material für die Waffenproduktion abgezweigt wird. Die Produktionsanlagen der Atomwaffenstaaten werden offensichtlich nicht inspiziert, denn das wären ja Staatsgeheimnisse der Mächtigen. Laut Satzung ist die → IAEA eh keine Kontrollbehörde, sondern eine Einrichtung zur Förderung der Nutzung der Atomenergie. Der Wachhund darf also nicht einfach bellen, wenn ihm etwas auffällt. Auch die UN selbst haben solche Grenzen, denn sie sind ein Verein von Staaten und regeln den Umgang zwischen Staaten. In innere Angelegenheiten (Menschenrechtsverletzungen) dürfen sie sich nicht einmischen. In jüngster Zeit wird diese Regel aufgeweicht, wenn dadurch starke Staaten Möglichkeiten sehen, in schwachen einzugreifen (und damit selbst regionalen Einfluss auszuüben). Für den andauernden blutigen Konflikt in Zentral-Ostafrika, bei dem es auch um Rohstoffe und Rohmaterial für das Kernkraftgeschäft geht, Hunderttausende von Menschen vertrieben, misshandelt oder umgebracht werden, zieht man sich auf die Nichteinmischungsklausel zurück. Die Probleme dort sind zu groß für die Weltorganisation – und zu viele Geschäftsinteressen von Firmen aus verschiedenen Ländern stehen gegeneinander.

Die IAEA betreibt auch Propaganda für Kernkraft: Vor nicht allzu vielen Jahren entstand dort eine Studie (unter maßgeblicher Mitwirkung deutscher Professoren) zur voraussichtlichen »Entwicklung der Kernenergie«(-wirtschaft). In der Studie wurde abgeschätzt, wie viel elektrische Energie (Tausende von Kernkraftwerken!) die Welt brauchen werde, wenn erst mal alle Chinesen und Inder und sonstigen armen Völker auf den »ihnen zustehenden« Lebensstandard (wie in den USA und Europa) gehievt worden seien. Die Autoren nahmen nicht zur Kenntnis, dass der Wissenschaftler und Science-Fiction-Autor Isaac Asimov (wahrlich kein Technik-Muffel!) schon vor über einem halben Jahrhundert (und nicht als Einziger) abschätzte, bei westlichem (hohem, amerikanischem) Lebensstandard könne die Erde auf Dauer (heutzutage »nachhaltig«) nicht mehr als eine halbe Milliarde Menschen verkraften. Übrigens haben die USA schon jetzt über 300 Millionen Einwohner, also mehr als die Hälfte von der Zahl, die Asimov für die ganze Welt mit guten wissenschaftlichen Argumenten als verträglich ansah. Die USA haben – aus Rücksicht auf fundamentalistisch-christliche Wählergruppen – dennoch allen Initiativen der UN oder der Welthungerhilfe die Unterstützung entzogen, die Informationen zur Familienplanung anboten. China hat mit seiner Ein-Kind-Politik das Bevölkerungswachstum immerhin so verlangsamt, dass die früher häufigen Hungersnöte zumindest zeitweise überwunden wurden.

Seit über 90 Jahren haben wir Kriege um Öl. Eine internationale Kriegsflotte unter Führung der USA lag 1922 in türkischen Gewässern vor Smyrna/Izmir und sah absichtlich tatenlos zu, als nach dem Ersten Weltkrieg Italien (auf der Siegerseite) Land in der Türkei erobern wollte (und von den Türken zurückgeschlagen wurde) und dann Griechenland die nach den ethnischen Säuberungen in der Ägäis (Türken raus aus Kreta und Rhodos, Griechen raus aus Kleinasien) verbliebenen Küstengebiete wieder ausweiten wollte, aber den Krieg mit der Türkei verlor. Die letzten griechischen Zivilisten wurden von den Türken mit Gewalt und Grausamkeit des Landes vertrieben, viele der Männer im wehrfähigen Alter umgebracht. Warum hielt der Westen still? Die nach dem Zerfall des Osmanischen Reiches gerade sich sammelnde Türkei umfasste auch Mesopotamien mit seinen Öllagerstätten, da wollte man die Türkei nicht vergrätzen. Kriegsflotten wurden gerade von Kohle auf Öl umgestellt, das Militär wechselte im Ersten Weltkrieg von Pferdefuhrwerken zu motorgetriebenen Fahrzeugen, die zivile Motorisierung nahm zu. Die Anglo-Persian Oil Company (heute BP) sicherte sich den Zugriff auf das iranische Öl, aber das kurdische Erdöl und die Lagerstätten weiter südlich waren noch nicht verteilt, Russland hatte Machtinteressen in der Region, was wiederum auf Englands Unwillen stieß ... und so weiter.

Dann wurden von den westlichen Mächten in der arabischen Wüste Staaten eingerichtet; es heißt, der Ölhändler Nubar Gulbenkian habe mit Farbstift und Lineal die Grenzen gezogen, in denen später unter anderem der Irak entstand. Die Kriege um das dortige Öl sind sichtlich auch heute noch nicht vorbei. Kriege um das lebensnotwendige Wasser gibt es dort auch (Euphrat und Tigris werden in der Türkei aufgestaut, nur was übrig bleibt, fließt in den Irak; Syrien, Jordanien und Israel sind auf denselben Fluss, den Jordan, angewiesen). Die Sowjetunion ließ sich Uran aus der DDR liefern. Im Osten des Kongo und in seinen Nachbarstaaten geht es um »strategisch wichtige« Bodenschätze, von Uran und Gold bis zum Mineralerz Coltan. Industrielle Planung im Energiegeschäft hat durchaus handgreifliche, oft existenzielle Folgen für viele Menschen, die vor Ort in der Folge eher Nachteile als Vorteile erfahren. Der Iran als Ölland kündigt den Bau eines Dutzend → KKW an. Indien will nahe Jaitapur an der Westküste das größte Kernkraftwerk der Welt bauen (sechs Großreaktoren in einem Erdbebengebiet). »Friedliche Kernenergienutzung« ist auch Machtpolitik, nach innen und außen, in der Kernkraftwerke als Duftmarken dienen.

■ Die Erfindung der Kernwaffen

1938 gelang in einem deutschen Labor (von Otto Hahn und seinem Mitarbeiter Fritz Straßmann) die erste gezielte Kernspaltung durch Neutronen. Die noch unverstandenen Versuchsergebnisse wurden von der gerade aus Deutschland verdrängten langjährigen Mitarbeiterin Hahns, Lise Meitner, korrekt entschlüsselt und zusammen mit ihrem Neffen Otto Frisch in einem verständlichen Modell dargestellt. Vermutlich hatte Enrico Fermi Jahre vorher schon Kernspaltungen erzielt, sie aber nicht als solche erkannt. Es gab jedenfalls in mehreren Ländern Physiker, die sich mit dem Problem beschäftigt und schon abgeschätzt hatten, dass bei einem solchen Ereignis viel Energie freigesetzt werden könne. Meitners und Frischs Vorstellung vom Atomkern des Urans als einem Tröpfchen aus etwa 250 Nukleonen, das vibriert und sich in zwei etwa gleich große Bruchstücke aufteilt, lieferte unmittelbar die Möglichkeit auszurechnen, wie viel Energie das sei – über 200 MeV (Millionen Elektronvolt), mehr als das Millionenfache der Energie beim Verbrennen der gleichen Menge von Kohle. Es war vielen Leuten klar, dass eine Kettenreaktion, bei der ein paar Neutronen aus einer ersten Kernspaltung zu mehreren weiteren führen würde und so weiter, zu einer Bombe oder zu einem Kraftwerk führen könne.

Nach der Wiederbesetzung des Rheinlandes durch deutsche Truppen, dem spanischen Militärputsch und anschließenden Bürgerkrieg unter Beteiligung verschiedener Länder, dem deutschen »Anschluss« Österreichs und der Aneignung des Sudetenlandes herrschte bereits Vorkriegsstimmung. Die deutschen Kernforscher durften ihre weiteren Ergebnisse nicht mehr in der Fachliteratur darstellen, genauso wenig wie die britischen und amerikanischen (dort fing das als freiwillige Initiative aus Forscherkreisen an). In den 1920er-Jahren war Mitteleuropa noch die Forschungshochburg der Welt. In den 1930er-Jahren vertrieben Faschisten und Antisemiten Juden, mit Juden Verheiratete, mit Juden Verwandte, kurz und (nicht) gut, auch einen großen und wichtigen Teil der wirtschaftlichen, künstlerischen und wissenschaftlichen Intelligenz. (Die persönliche Geld- und Machtgier der Vertreiber war offensichtlich weitaus größer als ihr Interesse am Wohlergehen der deutschen Bevölkerung.)

Aus Europa vertriebene Kernforscher kannten ihre in Deutschland zurückgebliebenen Kollegen wie den prominenten Kernphysiker Werner Heisenberg. Sie befürchteten, die Deutschen würden sich umgehend an die Entwicklung von Kernwaffen begeben und sicherlich schnelle Fortschritte erzielen. Um dem entgegentreten zu können, müsse man in den USA schneller sein. Schon damals: Vermutungen, Unterstellungen, politische Konkurrenz, mangelnde oder falsche Geheimdienstinformationen, Wettlauf in der Kernwaffenrüstung.

Wie sich später herausstellte, hatten beide Seiten ihre Anlaufschwierigkeiten, Probleme mit Forschungsgeldern, Bürokratie und Kompetenzen. Die Leute in den USA überschätzten die Fähigkeiten ihrer deutschen Kollegen und den Sachverstand der deutschen Regierung. Reichspostminister Ohnesorge unterstützte die Kernforschung, das Heereswaffenamt eher nicht: Die leitenden Nazis glaubten an den Blitzsieg – da würde man Atomwaffen nicht brauchen, die kämen viel zu spät, wenn sie mehrere Jahre Entwicklungszeit bräuchten. Weil bestimmte Materialien nicht chemisch rein genug waren, gab es unerkannte Beeinträchtigungen bei den Experimenten, mit denen die Eignung bestimmter Versuchsanordnungen und kernphysikalischer Verfahren ermittelt werden sollte. Das hielt die Entwicklung von Atomwaffen und Reaktoren in Deutschland lange genug auf, sodass der Krieg zu Ende ging, bevor einige wesentliche technische Zwischenstufen verwirklicht werden konnten. Dank fehlender Dokumentation nutzten das einige Wissenschaftler und taten nach dem Krieg so, als hätten sie bewusst Widerstand gegen das Regime geleistet, indem sie die Kerrnwaffenforschung gewollt verzögert hatten.

In den USA wurde erkennbar, dass der Aufwand für den Bau von Kernwaffen und für die Erzeugung von Kernsprengstoff nicht von nur ein paar Hanseln (wie in Deutschland) erledigt werden könne, sondern Anlagen industrieller Großproduktion erforderte. Nach einem Vorversuch, der die Prinzipien einer kontrollierten Kettenreaktion unter einer Sportanlage an der Universität von Chicago demonstrierte, wurde im Bundesstaat Washington (im Nordwesten der USA, sehr weit weg von der Bundeshauptstadt Washington im Osten) die *Hanford Reservation* angelegt, mit den ersten Kernreaktoren, die unter technischer Leitung seitens der Firma DuPont gebaut wurden. Die Abgelegenheit diente sowohl der Geheimhaltung als auch der Vorbeugung – falls da etwas Kerntechnisches schiefginge, würde nur »wertloses Land« verstrahlt, einschließlich der später mehr als zehntausend dorthin verfrachteten Arbeiter und Wissenschaftler ...

Die Reaktoren dienten vorrangig dazu, das Uranisotop

U-238 in das Plutoniumisotop Pu-239 umzuwandeln. Die dazu notwendigen Neutronen stammen aus der spontanen Kernspaltung des Urans. Nach demselben Prinzip erzeugt auch heute noch jeder mit Uran betriebene Reaktor Plutonium. Die technischen Details und Betriebsbedingungen können so eingestellt werden, dass man das »richtige«, nämlich waffentaugliche Plutoniumisotop relativ einfach abzweigen kann (dieser Verdacht besteht grundsätzlich bei allen nicht von der internationalen Atomenergiebehörde IAEA überwachten Anlagen).

Die Forschung und Entwicklung, wie man mit dem Plutonium umgehen muss, damit man damit eine → Kernexplosion veranstalten kann, geschah derweil in Los Alamos, New Mexico – im Südwesten der USA, ebenfalls ganz weit weg von der Bundeshauptstadt Washington – in einem neuen Geheimlabor unter ziviler Leitung (J. Robert Oppenheimer von der University of California in Berkeley), aber unter militärischer Aufsicht (General Leslie Groves).

Plutonium ist als Schwermetall sowieso schon im chemischen Sinne eines der giftigsten Elemente, seine intensive radioaktive Strahlung (Neutronen, Alphas, Gammas) macht es auch radiologisch zu einem Alptraum (in der euphemistischen Selbstdarstellung der Kernwaffentechniker zu einer »Herausforderung«). Man konnte schnell abschätzen, welche Menge Plutonium nötig wäre, damit eine Kettenreaktion zur Explosion führt: Die bei der spontanen Spaltung frei werdenden Neutronen können auch durch die Oberfläche des Plutoniumklumpens entkommen und so verloren gehen, anstatt einen anderen Plutoniumkern zu treffen und zu spalten – bei kleinen Klumpen überwiegen die Verluste. Die Menge, bei der sich die Kettenreaktion soeben aufrechterhalten lässt, ist die »kritische Masse«.

Bringt man mehrere Teilstücke so einer kritischen

Masse (etwa 10 Kilogramm, in der Größe einer Apfelsine, denn Plutonium ist bei gleichem Volumen schwerer als Blei) einander langsam näher, so »spüren« die Brocken die fremden Neutronen schon auf Entfernung, durch die Neutronen ausgelöste Kettenspaltungen erhitzen die Brocken und lassen sie zerplatzen, bevor es zu einer gewaltigen Explosion kommen kann.

Das wäre allenfalls eine *Low-tech*-Bombe, wie man sie Terroristen heute zutraut – radioaktives und hochgiftiges Material wird, vielleicht unterstützt durch etwas konventionellen Sprengstoff, im Umkreis von vielleicht einigen Dutzend Metern verstreut, aber die Bombe hat wenig Sprengkraft – für die terroristische Propagandawirkung ist das egal, denn dem Fernsehpublikum wird das als spektakuläre Atombombenexplosion verkauft werden. Bei gelassenerer Betrachtung (was nicht bedeutet, dass man das Ereignis nicht entsetzlich findet und die Opfer nicht bedauert, aber nach dem Erschrecken muss man die Folgen bekämpfen anstatt nur Katastrophenstimmung zu pflegen) blockiert so eine schmutzige Bombe den ungeschützten weiteren Zugang zu ein paar Häuserblocks für etliche Jahre, zu einem umliegenden Gebiet von vielleicht einem Quadratkilometer für Wochen oder Monate. Die Zahl der unmittelbaren Todesopfer ist eher unspektakulär klein im Verhältnis zu Chemieunfällen wie im indischen Bhopal (5000) oder dem Angriff auf das World Trade Center in New York (etwa 3000).

Wir hatten schon nichtnukleare Katastrophen, natürliche (Tsunami im Indischen Ozean mit 200 000 Toten, etliche Vulkanausbrüche mit Zigtausend Toten, häufige Hochwasser in Bangladesch und in China) und künstliche (gebrochene Staudämme), die mehr Schaden angerichtet haben als jegliche Terroristen bisher. Wir müssen Terroristen ernst nehmen (und ihrem Tun vorbeugen), ihre Rolle aber nicht unnötig aufbauschen; sie selbst halten sich schon für ungeheuer wichtig und genießen die öffentliche Aufregung. Für uns Nichtterroristen ist es eigentlich wichtiger, wenn wir Terrorakte (und Kriege) schon nicht völlig verhindern können, uns auf die Milderung der Folgeschäden einzustellen und den Überlebenden das Leben zu erleichtern. Ich empfinde es geradezu als eine bemerkenswerte Ironie des Schicksals, dass das giftige Plutonium sich durch seine hohe Radioaktivität quasi selbst vor Amateur-Bombenbastlern schützt. Leider hilft das nicht auch gegen staatliche Bombenbauer, die die Schutzmaßnahmen für den sicheren Umgang mit Plutonium bezahlen können.

Das Militär einer Industriemacht stellt andere Anforderungen. Da ist Sprengkraft gefragt, die Radioaktivität ist nur ein unvermeidbares (sehr hässliches und folgenreiches) Nebenprodukt, das Kollateralschäden hervorruft. Das Plutonium muss fest und lange genug (zwar nur für Bruchteile einer Sekunde, aber gegen starke Kräfte) zusammengehalten werden, während sich die Kettenreaktion zur Explosion entwickelt. Die leichteste Konstruktion dafür (man muss ja die Bombe irgendwohin transportieren) verwendet Sprengstoff. Umgibt man eine passende Hohlkugel aus Plutonium (hohl, damit die Masse nicht vorzeitig kritisch wird) mit Sprengstoff, den man an vielen Stellen gleichzeitig von außen her entzündet, so explodiert der Sprengstoff nach außen und innen. Die Druckwelle, die nach innen läuft, quetscht die Plutonium-Hohlkugel zusammen; sie wird dadurch kritisch, die Kettenreaktion legt los. Die Druckwelle verdichtet sogar das Material so sehr, dass man mit weniger als 10 Kilogramm Plutonium auskommt, und für so lange Zeit, dass die Explosion sich richtig entwickelt und (Nagasaki-Bombe) etwa

den Amerikanern kann man häufig zu Recht eigennützige Gründe unterstellen, wenn sie gegen irgendetwas im Ausland protestieren, so wie hier gegen die Verwendung von HEU (aus russischen Beständen), aber manchmal sind die Argumente trotzdem gerechtfertigt. Die Bayerische Landesregierung machte sich für die Wissenschaftler und HEU stark (und Bayern muss spitze sein!).

Schließlich erzwang die rot-grüne Bundesregierung eine Studie, ob nicht auch mit HEU geringeren Anreicherungsgrades sinnvoll gearbeitet werden könne. Nein, bloß nicht! Das macht uns in Bayern die Forschung kaputt! Wirklich nicht? Wohl doch. Mit gewissen Einbußen, ja schon, und die waren dann letztendlich sogar geringer, als vorher behauptet. Hätte man nicht erst starrköpfig den Bau auf das hoch angereicherte HEU ausgelegt und bis zur Fertigstellung (nur noch ohne HEU im Reaktor) vorangetrieben, wären die Umbaukosten geringer und die Umbauzeit kürzer ausgefallen, aber man hätte sich nicht so demonstrativ und lange »im Recht« gefühlt und laut darauf beharrt, gegen eine ungeliebte Regierung, die »nur die Forschung behindert« (die man mit dem eigenen Eigensinn noch weiter verzögerte), und das war offenbar wichtiger als eine politische Rücksichtnahme auf internationale Interessen und Verpflichtungen. Der Umgang mit HEU ist immer hochpolitisch – nicht nur, aber auch in Bayern.

■ **Die Hinterlassenschaften der Kernwaffenproduktion**

Wir sind froh, dass der Kalte Krieg kalt blieb, dass nach den beiden amerikanischen Atombomben auf Japan keine weiteren eingesetzt wurden. Das bedeutet aber nicht, dass die Atomwaffen nicht noch weitreichende Spuren in der Landschaft und der Gesellschaft hinterlassen hätten. Nach dem Zerfall der Sowjetunion wurde offener darüber gesprochen und teilweise fotografisch dokumentiert, wo in Sibirien Regionen mit mehreren Seen durch Atomunfälle verstrahlt wurden (bei Swerdlowsk/Jekaterinburg 1957, bei Omsk 1993), wo im Nördlichen Eismeer bei Nowaja Semlja die Russen ihre ausgemusterten Atom-U-Boote (mit den Reaktoren und Brennelementen an Bord) versenkten, falls sie die rostigen Ruinen überhaupt noch aus den Basen bei Murmansk zu schleppen wagten.

Aus der Versenkung tauchten Städte mit Codenamen wie Arzamas-17 auf, die dem Westen bis dahin unbekannt gewesen waren. Dort hatten Wissenschaftler und Ingenieure über Jahrzehnte hinweg in persönlich privilegierten Verhältnissen, aber von der Außenwelt weitgehend abgeschnitten an der Kernforschung für vor allem militärische Zwecke und an der Herstellung von Kernwaffen gearbeitet. Für den größten Teil dieser hoch qualifizierten Leute gab es nun keine Arbeit mehr, es bestand die Sorge, sie könnten sich zum eigenen Überleben gezwungen sehen, auf Angebote unerwünschter Regimes einzugehen und ihre Kenntnisse denen zukommen zu lassen, die da irgendwo in der Welt gerne selbst Atomwaffen hätten.

Einige der Wissenschaftler fanden Arbeitsstellen im Westen (auch in den Nationallabors der USA, die dort an der Kernwaffenentwicklung beteiligt sind), für etliche andere stellten die Amerikaner Geld bereit – angesichts der niedrigen russischen Gehälter eine billige Maßnahme –, damit die Leute in Russland bleiben konnten und über zivile Anwendungen ihrer Kenntnisse nachdenken konnten. Die Russen holten ihre Atomwaffen aus Kasachstan, der Ukraine und Weißrussland zurück; mit internationaler Unterstützung begannen sie, Sprengköpfe zu zerlegen und den ehemaligen Produktionskomplex aufzuräumen sowie die beträchtlichen Plutoniumvorräte und hoch angereichertes Uran noch besser vor unbefugtem Zugriff zu schützen.

Nach den besorgt-hämischen Berichten über frühere geheim gehaltene Nuklearpannen hatte ich erwartet, es werde nun eine Reihe besorgter Berichte über (sicherlich vorhandene) strahlende Reste der Kernwaffenproduktion in der ehemaligen Sowjetunion geben, aber die blieben fast völlig aus. Vielleicht lag das daran, dass die Amerikaner solche Probleme auch im eigenen Land endlich bemerkten und widerwillig zugaben. Waffenkomponenten waren vielerorts hergestellt worden; sie wurden bei PanTex, im sogenannten *Texas Panhandle* (Pfannenstiel), dem nördlichen Zipfel von Texas (weit weg ...), zu Sprengköpfen montiert. PanTex war der größte Arbeitgeber weit und breit. Als die Produktion neuer Waffen aufhörte, beschwerten sich die Arbeiter darüber – aus ihrer Sicht verständlich.

Wichtige Bauteile stammten aus der Anlage *Rocky Flats* bei Denver (Colorado), nicht weit von Boulder. Boulder ist ein Universitäts- und Wissenschaftsstädtchen und ein Hort aufmüpfiger Geister (der Ort hat Fuß- und Fahrradwege – fast schon unamerikanisch); Leute von dort hatten schon seit vielen Jahren behauptet, *Rocky Flats* verseuche die Umgebung radioaktiv. Nach dem Ende des Kalten Krieges gelang es endlich, staatliche Überprüfungen durchzusetzen und die Ergebnisse nicht gleich mittels eines »Geheim«-Stempels vor der Öffentlichkeit zu verbergen. Landesweit wurden Tausende von Anlagen gefunden, an denen – zumeist aus Schlamperei, die man sich in Zeiten des Kalten Krieges erlauben zu können glaubte – Radioaktivität oder Chemikalien in Menschen gefährdenden

Mengen vorhanden waren, im Boden, in Tümpeln, in leckenden Tanks.

In Hanford, also am Ort der ersten Reaktoren für die Plutoniumproduktion im Zweiten Weltkrieg, fiel das Problem schon früher auf; dort hatte man radioaktive Brühe in riesigen Lagertanks aufgefangen, die sich dann als undicht erwiesen. Seit Jahrzehnten sickert dieses Zeugs ins Erdreich und wandert langsam in die Richtung zum Columbia River, der an der Anlage vorbeifließt. Dieser mächtige Fluss mit seinem herrlichen Tal versorgt Millionen von Menschen (etwa in Portland, Oregon) mit Trinkwasser. Wenn das radioaktive Material in den Fluss hineingelangt, ist das eine Katastrophe. Bis jetzt hat keine der teuren Rettungsmaßnahmen gereicht, das Sickern in Hanford zu stoppen. Das stellt den zuversichtlichen Behauptungen der Entsorgungsindustrie kein vertrauenerweckendes Zeugnis aus.

Die Russen haben ähnliche Probleme. In einer Anlage am Ural wurden radioaktive Abfälle in einen Fluss geleitet und dessen Ufer durch Stacheldraht gesperrt. Die Völkerschaften flussabwärts wurden anscheinend nicht davor gewarnt, ihr Vieh am Fluss zu tränken. Nach Jahrzehnten ist auch der Stacheldraht verrostet und der Zaun lückenhaft. An anderer Stelle sammelte man die radioaktiven Abfälle zum Abklingen der Radioaktivität in einem See. In einem besonders heißen Sommer trocknete der See allerdings weitgehend aus, und der Wind trug den getrockneten Schlamm als Staub viele Kilometer weit über Land. Nach westlichem Verständnis sollte sich dort niemand länger aufhalten. Auf den Skizzen, die dort als Wanderkarten dienen, wird – Jahrzehnte später – »vom Camping in dieser Region abgeraten«.

Die USA entwickelten einen Plan, nach dem die »*Legacy*

Sites«, die zahlreichen »Stellen mit (nukleartechnischer) Vorgeschichte«, aufgeräumt und gesichert werden sollten, und stellten das Geld dafür, viele Milliarden Dollar, im »Superfunds« bereit. Man behauptete, in etwa zehn Jahren werde das meiste erledigt sein. Nun, wo immer die Arbeiten wirklich begannen, stellten sich die Probleme als viel größer und teurer zu beheben heraus, als man gedacht hatte. Ein erfolgreiches Ende der Aufräum- und Sicherungsmaßnahmen ist nach den ersten zehn Jahren noch nicht einmal abzusehen.

Ähnliche Probleme gibt es mit den Vorräten an Chemiewaffen, die in Depots in aller Welt lagern. Nach Jahrzehnten der Lagerung rosten die von außen, von innen fressen die aggressiven Chemikalien – die Granaten sind kaum noch transportfähig. Mittlerweile hat die Verbrennung in Spezialöfen begonnen, auf einer kleinen Insel im Pazifik (weit, weit weg ... von den USA) und in einer besonders menschenleeren Ecke von Utah, in Tooele. Auch das geht viel langsamer, als zuvor behauptet – nicht nur Kernwaffen ziehen einen Rattenschwanz von Problemen nach sich. Und nicht nur die USA haben Chemiewaffen.

Wir sollten nicht vergessen, dass die Probleme nicht mit der Fertigstellung der Kernwaffen enden. Nach einem im März 2007 im SPIEGEL erschienenen Bericht gab es schon bis in die 1960er-Jahre allein bei den Amerikanern über tausend nennenswerte Zwischenfälle mit der Handhabung von Kernwaffen. Etwa drei Dutzend Flugzeuge stürzten mit Kernwaffen an Bord ab; weitere zwei Dutzend Kernwaffen wurden vor dem Absturz (noch gesichert) abgeworfen oder fielen von Marineschiffen über Bord. Auch in Deutschland gab es Unfälle beim Straßentransport von Trägerraketen (Pershing) für Kernsprengköpfe; schon die Raketentreibsätze sind nahezu explosiv und bilden beim

Abbrennen aggressive chemische Verbindungen. Noch ist anscheinend den Kernwaffenstaaten kein Sprengkopf gestohlen worden, aber es liegen schon einige an unzugänglichen Stellen in den Ozeanen, wie auch die Reaktoren von untergegangenen oder als Schrott versenkten Atom-U-Booten – mit ihrem hochradioaktiven Inneren.

■ Unter der Erde, unter Wasser, in der Höhe und im Weltall: Kernwaffentests

Ach ja, Kernwaffentests: Man will ausprobieren, ob man nicht noch größere Sprengkraft erreichen kann, ob man nicht auch kleinere Sprengsätze bauen kann, die in kleinere Raketen (von U-Booten zu starten) oder gemeinsam mit anderen auf eine einzelne Interkontinentalrakete passen, ob man die Zündeinrichtung verbessern kann, ob man Kernwaffen klein genug bauen kann, sodass sie mit Kanonen verschossen werden oder gar von einzelnen Soldaten in Feindesland getragen werden können, ob man Höhlen sprengen kann, ob man mit Kernexplosionen Kanäle bauen (und die sibirischen Flüsse nach Süden umleiten) oder Häfen für Tanker in Alaska anlegen kann und in welchem Abstand vom Explosionsort man noch Schiffe versenken kann. Das Militär wollte natürlich auch Schutzvorkehrungen gegen die Wirkungen von Kernexplosionen ausprobieren und Soldaten schon mal an den überwältigenden Eindruck gewöhnen. Und für all diese »verdienstvollen« Forschungen haben die Großmächte mehrere Tausend Kernsprengsätze gezündet, auf Gerüsten, mit Bomben an Fallschirmen, unter der Erde, unter Wasser, in der Höhe und im erdnahen Weltall.

Die Amerikaner fingen in den Wüsten des amerikanischen Südwestens an, zumal das nicht so fern von Los Alamos, dem geheimen Entwicklungszentrum, erledigt werden konnte. Aber diese Gegend ist durchaus nicht so weltfern; Santa Fé und Albuquerque liegen kaum eine Autostunde entfernt. Man suchte dann eine noch abgelegenere Ecke und entschied sich für den Süden Nevadas, eine Autostunde nördlich von Las Vegas (das damals bei Weitem noch nicht so groß und bevölkert war wie heute). Von dort zogen die radioaktiven Staubwolken zumeist mit dem Westwind nach Utah, das auch wenig besiedelt war und ist, mit einer eher konservativen Landbevölkerung, von der man wenig Protest erwartete. Aber vorsichtshalber warnte man von Regierungsseite her nicht vor dem → Fallout – Kernexplosionen aus der Ferne zu beobachten stellte sogar eine gewisse Touristenattraktion dar. Unweigerlich wurde Fallout vom Wind über Viehweiden verteilt und traf Tier und Mensch. Es gibt Horrorgeschichten über die Häufung schwerer Strahlenkrankheiten und sogar über Autolack, der durch radioaktive Strahlung Blasen geworfen haben soll. Diese Geschichten über die 1950er-Jahre tauchten allerdings erst Jahrzehnte später auf, mit dem Abklingen des Kalten Krieges. Bis dahin war es so erschienen, als würden Strahlenschäden und Krankheiten infolge von Kernwaffentests in der Atmosphäre durch die Behörden absichtlich verschwiegen, es werde alles unter einer Geheimhaltungsdecke versteckt.

Wissenschaftler haben über die Jahrzehnte immer wieder versucht, aus den Krankenakten der Arbeiter in den Kernwaffen-Produktionsanlagen (Hanford, Oak Ridge) ebenso wie aus Statistiken über die Überlebenden von Hiroshima und Nagasaki herauszulesen, wie Strahlung und Strahlenschäden zusammenhängen. Die mehr oder weniger zuständigen Behörden in den USA fanden immer wieder Wege, eine Erstellung verlässlicher Statistiken aus den verschiedensten Gründen zu verzögern oder gar zu verhindern. In Bezug auf die Kernwaffentest-Strahlenschäden vor allem in St. George, einem Städtchen in Süd-Utah, das sich zeitweise als »Atomic Test Capital of the USA« sah und in der Abzugsfahne vieler Tests auf dem Testgelände Nevada liegt, hat sich vor wenigen Jahren ein Physiker auf die Spurensuche begeben. Nach den Horrorgeschichten hätte es große Häufungen von Begräbnissen auf den Friedhöfen geben müssen, müsste sich aus den Jahrbüchern der örtlichen High School erschließen lassen, dass dort viele Leute früh gestorben seien usw. Nichts dergleichen war vor Ort zu finden. Und die Geschichte mit dem Autolack, der durch radioaktiven Staub Blasen warf, widerspricht jeglicher bekannten Physik. *Urban Legends,* Großstadtmythen, Neuzeitmärchen.

Das bedeutet keineswegs, dass nicht weite Landstriche verstrahlt wurden, dass die Bevölkerung angemessen gewarnt worden wäre, dass es nicht auch zu – oft unerkannten – Strahlenschäden an Mensch und Vieh gekommen sein muss – nur eben nicht in der Weise und der drastischen Häufigkeit, wie in jenen angeblichen »Augenzeugenberichten« von 30 Jahren danach behauptet wurde. Strahlenschäden sind real – aber eben auch tückisch, weil sie nicht frühzeitig erkannt und behandelt werden können. Fernab von Städten, mit einer Landbevölkerung, die Krankheiten als gottgewollt einschätzt und akzeptiert, ohne Warnung vor möglichen Strahlenschäden und ohne geeignete Diagnoseeinrichtungen, können echte Strahlenschäden kaum ermittelt werden. Zum Glück waren jene Landstriche wirklich fast menschenleer. Um die echten Einheimischen, die »Indianer«, hat sich allerdings eh niemand gekümmert, da gab und gibt es keinerlei handfeste Informationen.

Für die ganz großen Bombenversuche wichen die Amerikaner auf die Marshallinseln aus, im Pazifik, näher an Japan als an den (kontinentalen) USA. Fallout-Wolken (infolge »wechselnder Winde«) trafen ein japanisches Fischerboot, dessen Besatzung schwerste Strahlenschäden erlitt. Kleinere Inseln wurden durch die Explosionen vernichtet oder »nur« verseucht. Die vorher evakuierte Bevölkerung einer Insel wurde Jahre später zurückgebracht – auf eine nur notdürftig und oberflächlich (durch Abtragen der oberen Erdschicht und Aufschütten einer dünnen neuen Schicht) »entseuchte« Insel, auf der die Einheimischen keine Landwirtschaft mehr betreiben konnten und in deren Umgebung sie nicht mehr fischen durften – alles war radioaktiv verseucht. Die Leute mussten wegen der unzumutbar hohen Strahlenbelastung wieder ausquartiert werden; noch heute, vier Jahrzehnte später, können sie und ihre Nachkommen nicht wieder zurück; sie leben fern ihrer Heimat in provisorischen Unterkünften, ohne ausreichende Möglichkeiten, ihr Leben selbst zu gestalten und ihren Unterhalt selbst zu erwirtschaften.

Die Sowjetunion hatte ihr Haupttestgelände bei Semipalatinsk, im östlichen Kasachstan. Das ist weit weg von Moskau, nahe der chinesischen Wüste – China richtete seine Kernwaffentests später in Sinkiang, in seiner westlichen Wüste, weit weg von Peking aus. Auf einem Globus sieht man, wie nahe diese Versuchsgelände beieinanderliegen. Die Briten testeten in ihrer Kolonie Australien bei Woomera, praktisch unbewohnt von (weißen) Einwanderern (Aborigines wurden nicht beachtet), und später gemeinsam mit den Amerikanern in Nevada. Die Franzosen fingen in der Sahara, in ihrer Kolonie Algerien, an und wichen nach der Befreiung Algeriens in den Südpazifik aus – weiter weg von zu Hause geht es ja wohl nicht.

Die kasachische Steppe ist nicht so menschenleer wie Teile von Nevada und Utah. Auch die Sowjets warnten die örtliche Bevölkerung nicht vor dem radioaktiven Staub und der Strahlung. *Greenpeace* geht davon aus, dass Zigtausende verstrahlt wurden und viele davon schwere Gesundheitsschäden erlitten haben. Es gibt keine von außen her überprüfbare, verlässliche Krankenstatistik in diesen Gegenden. Wenn es sie gäbe, wäre der Staat praktisch gezwungen, die katastrophalen Verhältnisse anzuerkennen und teure Hilfe zu gewähren. Die alte Herrschaft ist weg, die Russen sind abgezogen; die derzeitigen Autoritäten fürchten sich vermutlich vor den Kosten der eigentlich angemessenen Hilfsmaßnahmen; es erscheint wohl billiger, die betroffenen Menschen mit ihren schweren gesundheitlichen und sozialen Problemen alleinzulassen, sie leiden und sterben zu lassen, selbst nicht hinzusehen und hinzuhören.

Strahlenschäden gibt es nicht nur bei Lebewesen. Die radioaktive Strahlung kann auch elektronische Bauteile schädigen, zumal solche aus modernen Halbleitern, bei denen schon kleine Ansammlungen von Fremdatomen die Materialeigenschaften verändern, wo schon kleine Störspannungen zum Durchbrennen führen können. (Alte Röhrengeräte und elektromechanische Relais sind dagegen ziemlich unempfindlich.)

Aus der Sicht von Waffenentwicklern ist da der Elektromagnetische Puls (EMP) interessant, der sich erzeugen lässt, indem man Kernwaffen außerhalb der Erdatmosphäre zündet. Die schnellen atomaren Teilchen treffen dann in weitem Umkreis (zum Beispiel 1000 Kilometer) fast gleichzeitig auf die dichteren Schichten der

Hochatmosphäre und ionisieren dort Atome, trennen also Elektronen ab. Das führt zu einer elektromagnetischen Schockwelle, die sich großflächig zur Erdoberfläche hin ausbreitet und dort ebenso großflächig empfindliche Elektronik stört oder gar zerstört. Nicht nur feindliche Waffensysteme und deren Steuerung wären betroffen, sondern auch die Steuerungen von Kraftwerken, zivile Nachrichtensysteme, Notfallsysteme, Verkehrssysteme, Fabriken, Haushalte ... Eine einzelne Wasserstoffbombe kann auf diese Weise fast ganz Westeuropa schädigen, ohne dass auf der Erdoberfläche Radioaktivität zu finden wäre oder unmittelbare Strahlenschäden angerichtet würden (oder der Verursacher unmittelbar zu erkennen wäre).

Auch die USA haben in diesem Zusammenhang Kernwaffen im erdnahen Weltraum (über dem Pazifik) getestet, weil man ja herausfinden wollte, mit welchen Maßnahmen man militärische Elektronik gegen solche Einflüsse »härten« (das heißt weniger störanfällig machen) kann. Ich weiß nicht, in welchem Umfang solche Tests in zivilen Einrichtungen Schäden angerichtet haben und ob es dafür Schadenersatz gab – es wird schon niemand offiziell darauf hingewiesen haben, dass Elektronikschäden an jenem Tage, zu jener Stunde, von diesem oder jenem Staat vorsätzlich angerichtet wurden ...

■ Kernwaffen und *Atoms for Peace*

Kernwaffen als Massenvernichtungswaffen gegen Industrie und Bevölkerung werden in einigen Hundert Meter Höhe gezündet, damit der Feuerball nicht den Boden berührt und durch die intensive Neutronen- und Gamma-

so weit zurück, wie in Amerika erwartet worden war. In Amerika begann die Forschung zur Kernfusion als zukünftiger unerschöpflicher Energiequelle – und fraß sich an Problemen fest. Da stellte sich heraus, dass die Sowjets am selben Vorhaben saßen und auch nicht vorankamen. In einem seltenen Geistesblitz beschloss die amerikanische Regierung, die offenbar erst in ferner Zukunft fruchttragende Forschung an der kontrollierten Kernfusion (also an Fusionskraftwerken, nicht Wasserstoffbomben) nicht mehr länger geheim zu halten, sondern der internationalen Zusammenarbeit, auch mit den Sowjets, zu öffnen. Das ist bis heute so geblieben. Fusionsforschung unterliegt in den USA nicht der Geheimhaltung. Die Probleme einer wirtschaftlichen Nutzung der Kernfusion sind auch ein halbes Jahrhundert später noch nicht gelöst, auch in wirklich internationaler Zusammenarbeit wird ein wirtschaftlich arbeitender Fusionsreaktor »frühestens in 30 Jahren« erwartet – seit über 50 Jahren. Dazu später mehr.

Gleichzeitig wollte man in mehreren Richtungen die allgemeine Kernforschung und die → Kernenergie (Energie aus der Kernspaltung) sowohl in den zivilen Markt schieben als auch dazu benutzen, die Forschungsinteressenten aus aller Welt unter amerikanischen Einfluss und Aufsicht zu bringen (wie die Sowjets ihrerseits natürlich auch). In der Forschung wurde 1953 das Programm *Atoms for Peace* lanciert, das Forscher aus aller Welt in die USA einlud, an den neuesten Forschungsergebnissen teilzuhaben und mitzuforschen, aber eben unter US-Kontrolle in den USA. Sie sollten nicht etwa Labors (unter US-Beratung) zu Hause aufbauen (diese Möglichkeit wurde erst später eingeräumt) und dann womöglich in der Forschung selbstständig werden. Nuklearmedizin und die schon erwähnte Saatgutforschung wurden weithin propagiert.

In der amerikanischen Öffentlichkeit gab es damals Kritik, weil der teuer errungene Vorsprung bei den Atomwaffen nicht aufrechterhalten wurde; man suchte Sündenböcke. Der Spion Klaus Fuchs war außer Reichweite, man fand als Ersatz die Rosenbergs und richtete sie als Spione hin, wühlte nach Anzeichen unamerikanischer Umtriebe (Senator McCarthy), schimpfte über die teure Atomrüstung – gab es da nicht das Versprechen ziviler Nutzung? Bis dahin waren Kernreaktoren nur für die Erzeugung von Plutonium benutzt worden, nun gab es erste Pläne und Versuche, sie als Schiffsantrieb auf U-Booten und Flugzeugträgern einzusetzen (wo sie Wasserdampf erzeugen und dieser dann wie bei klassischen Schiffsantrieben Turbinen antreibt, die wiederum Strom erzeugen, mit dem Elektromotoren betrieben werden).

Man verpflichtete die (halbstaatliche) Firma General Atomics (als Gegenleistung für viele Rüstungsaufträge) dazu, als Demonstrationsprojekt einen »zivilen« Reaktor zum Festpreis zu liefern und in Betrieb zu setzen. Die Firma ging darüber fast bankrott, denn schon dieses erste zivile Kernkraftwerk wurde viel teurer zu bauen als erwartet. Als Reaktor nahm man, was man hatte, den Typ, der gerade für U-Boote ausgeguckt worden war, unabhängig von eventuellen Sicherheits- und Effizienzüberlegungen. Solchermaßen erzwungen begann das Zeitalter der zivilen Nutzung der Kernenergie.

Die beiden amerikanischen Großkonzerne *Westinghouse* und *General Electric* entwickelten Siedewasser- und
→ Druckwasserreaktoren und vergaben später Lizenzen (so an *Siemens* und *AEG*, die später ihre Kraftwerksaktivitäten in der *Kraftwerksunion*, *KWU*, zusammenlegten, deren Kernkraftwerksbereich wiederum später mit der – halbstaatlichen – französischen Kernkraftwerksbau-

firma *Framatome* fusionierte und derzeit unter dem Namen *Areva* fungiert). Die Franzosen wollten Kernwaffen (als Atommacht mit dauerndem Sitz im UN-Sicherheitsrat) und dafür spaltbares Material, also bauten sie Kernkraftwerke und Anreicherungsanlagen für spaltbares Material sowie später eine Wiederaufbereitungsanlage in → *La Hague* (auf einer Halbinsel im Ärmelkanal, mit vorherrschender Windrichtung Westsüdwest – etwaige radioaktive Wolken würden also nicht Frankreich, sondern Belgien belasten). Die Briten setzten auf Plutonium als Bombenmaterial und entwickelten dafür einen gasgekühlten Typ eines Reaktors (*Magnox*, erster »kommerzieller« Reaktor in *Calder Hall*, im späteren Gelände des atomaren Komplexes von *Windscale*), der sich aber entgegen ihren Erwartungen nicht als Exportschlager erwies. Ihre Anreicherungs- und → Wiederaufarbeitungsanlage (WAA) in *Windscale* (im Nordwesten, nahe der schottischen Grenze) verseuchte wiederholt nachweislich die irische See. Sie wurde nach etlichen Pannen in *Sellafield* umbenannt – eine Public-Relations-Maßnahme vom Feinsten!

■ **Uranmunition – eine geniale Entsorgungsstrategie**

Mehrere Tausend Atomexplosionen später, viele Hundert davon in der Atmosphäre oder unter Wasser, griff endlich ein internationales Abkommen, der *Atomwaffenteststopp*, die Selbstverpflichtung von Atomwaffenstaaten, keine weiteren atomaren Tests (oberhalb einer gewissen Schwelle) mehr durchzuführen. Seitdem wird die Atmosphäre allmählich wieder freier von radioaktivem Material (ein paar chinesische Explosionen kamen allerdings noch nach), aber es wird noch sehr lange dauern, bis sie wieder den ehemaligen Stand annähernd erreicht. Atmosphärenforscher beobachten interessiert die Austauschprozesse in der Atmosphäre, zwischen den verschiedenen Schichten und zwischen Nord- und Südhalbkugel, die sich aus den Messungen der radioaktiven Stoffe ablesen lassen. Auch anderswo geht noch Bombenmaterial nieder; US-Bomber haben Wasserstoffbomben bei Palomares in Spanien und bei Thule in Grönland verloren sowie an mehreren anderen bekannten Stellen; einige der Bomben wurden gefunden und geborgen. Zum Glück reichte die Kombination von Sicherheitsmaßnahmen gegen unabsichtliches Entzünden aus, sodass keine der Bomben explodierte. Die Sowjets werden auch Bomben verloren haben. Inzwischen werden weniger Atombomben spazieren geflogen, das ist schon mal was.

Allerdings wird mittlerweile gern nichtexplosives Uran in der Welt verteilt, in der Form von Urangeschossen zur Panzerabwehr. Die Vorgeschichte ist lang und farbig. Schon vor zweitausend Jahren wurden Pfeilspitzen mit Blei beschwert, weil dann der Pfeil stabiler fliegt und mehr Wucht erhält, also mehr Schaden anrichtet. Nach der Erfindung des Schießpulvers bot sich Blei an, um daraus Kugeln zu gießen. Das weiche Blei presste sich gut in die Rohre der Arkebusen, Gewehre und Pistolen, dichtete damit das Rohr beim Schuss gegen sonst entweichende Pulvergase ab und sorgte so für eine bessere Ausnutzung des antreibenden Schwarzpulvers. Als gezogene Gewehrläufe aufkamen, erhielten die Geschosse dadurch, dass sie in die Riefen gepresst wurden, ihren Drall, der sie länger auf einigermaßen gerader Bahn fliegen ließ, also auf größere Entfernung gezieltes Schießen ermöglichte.

Dann wurde die Geschossform verbessert, das Blei erhielt einen Kupfermantel. Damit durchdrangen die Geschosse aber auch ihre Ziele, die feindlichen Soldaten, ohne unbedingt genug Schaden anzurichten – was in der Haager Landkriegsordnung als vorteilhaft anerkannt und vereinbart wurde. Gangster sägten die Geschossspitze ab, was die Geschosse im Körper aufplatzen ließ – Spezialeinheiten der Polizei brauchen heute nicht mehr zu sägen, die Hohlspitzgeschosse werden ihnen direkt von der Industrie geliefert. Das Militär hat mittlerweile kleinere Geschosse gegen Menschen erhalten, davon kann man mehr mitschleppen, und die kleineren Geschosse brauchen nicht aufzuplatzen (verboten!), sie taumeln im Körper und sorgen über eine garantierte Schockwirkung für maximalen Schaden. Also, Schäden anrichten kann der Mensch auch ohne Radioaktivität.

Gewehrgeschosse dringen nicht durch Panzerplatten (das ist der Sinn gepanzerter Fahrzeuge); die Panzerabwehr braucht größere Kaliber (dickere Brocken zum Schmeißen) und Spezialmunition. Eine der Möglichkeiten besteht darin, in ein »normales« Geschoss einen Schwermetallkern einzubetten. Blei (Kernladungszahl 82) ist ein Schwermetall, aber Wolfram (74) ist viel härter, hat einen extrem hohen Schmelzpunkt (deshalb haben unsere Glühlampen Wendel aus Wolframdraht), dringt wohl gar durch recht dicke Panzerplatten noch hindurch. Dass es dabei heiß wird, teils zersprüht und die heißen Funken das Panzerinnere in Brand setzen können, ist für das Militär ein Vorteil.

Wolfram wird aber nur an wenigen Stellen der Welt gefunden, zum Beispiel in Katanga im früher belgischen Kongo (wie auch Gold, Diamanten, Uran – kein Wunder, dass so häufig Krieg in dieser Region und um diese Provinz geführt wird). Deutschland im Zweiten Weltkrieg hatte zwar Belgien überrannt, konnte aber nicht einfach Schiffe zum Kongo schicken und Wolfram abholen, denn die Westalliierten beherrschten die Ozeane. Also wurde Gold aus den Reichsbanken eroberter Länder, aus arisiertem jüdischen Besitz (auch Zahngold ermordeter Juden) in die Schweiz gebracht und über Schweizer Banken (die daran gut verdienten) eingelöst und als goldgedecktes Geld nach Portugal (damals neutral, aber ein schwacher Nachbar des faschistischen Spanien) transferiert. In Lissabon, wo deutsche Makler und britisches Spionagepersonal zu deren Überwachung saßen (und einander im Café trafen), wurden die Geschäfte abgewickelt und neutrale Schiffe für den ersten Teil der Reise gechartert. Teils mit Handelsschiffen als Blockadebrechern, teils mit U-Booten wurde das strategisch wichtige Material nach Deutschland (und Japan) gebracht. Den Alliierten, die selbst leichteren Zugang zu Rohstoffen und Transportwegen hatten, war natürlich daran gelegen, diesen letzteren Teil des Transportes zu verhindern.

Die Schweizer Banken machten Geschäfte, die Deutschen schossen Wolframgeschosse auf Panzerfahrzeuge, die den Russen von den Amerikanern geliefert worden waren (die russischen T-34-Panzer erwiesen sich als sehr haltbar) und an denen amerikanische Lieferanten und Finanziers verdienten. Die amerikanische Firma ITT verlangte nach dem Krieg Schadenersatz für Bombenschäden an ihren deutschen Besitztümern, zum Beispiel an den Focke-Wulf-Flugzeugwerken, in denen Jagdflugzeuge gebaut worden waren, die gegen die amerikanischen Bomber aufstiegen. Krieg, Wirtschaft, Wirtschaftskrieg, Kriegswirtschaft, strategische Materialien ...

Bin ich auf Abwegen? Ich meine nicht. Wolfram ist selten, wichtig für allerlei Maschinenteile, eigentlich zu kostbar für panzerbrechende Geschosse. Es ist selbstverständlich, dass billigere Alternativen zum Wolfram in Munition, als sie sich Jahrzehnte später auftaten, genutzt wurden. Was gibt es denn sonst noch? Inzwischen haben wir Uran. Wenn zum Beispiel 6 Tonnen → Natururan mit 0,7-Prozent-Anteil von U-235 zur Anreicherung für Kernbrennstoffe geschickt werden, so haben wir anschließend etwa eine Tonne Uran vom Anreicherungsgrad 3 Prozent und 5 Tonnen abgereichertes Uran von 0,24 Prozent, das sich kaum lohnt weiter auszuschlachten. Das Material ist schon durch die Brennstoffkäufer bezahlt, also ist das abgereicherte Zeugs billig zu haben, noch schwerer als Wolfram und Blei, mit hohem Schmelzpunkt – genau, verkaufen wir das den Waffenherstellern, dann verdienen wir doppelt. Die bauen daraus panzerbrechende Geschosse für die Bordkanonen von Hubschraubern und Erdkampfflugzeugen. Ist das nicht schon fast eine geniale Entsorgungsstrategie? Eher nicht, aber Entsorgung liegt nicht im Geschäftsbereich dieser Branchen.

In den neuesten Kriegen (Afghanistan, Kosovo usw.) stößt die Propagandamaschinerie früher oder später auf Uranmunition, und es wird der Welt laut erzählt, die Russen, die Amerikaner, die Nato usw. verwendeten radioaktive Munition gegen die armen Einheimischen. Unbedarfte Reporter reisen prompt an, finden spielende Kinder auf ausgebrannten Panzern, hören Gräuelgeschichten über Strahlenschäden, zeigen Geigerzähler, geben deren Geräusche wieder, alles ist ganz furchtbar – bis das Interesse weiterwandert. Die Russen, Amerikaner, Nato usw. haben bis dahin zunächst dementiert, dann das Dementi abgeschwächt, irgendwann die »gelegentliche« Verwendung von Uranmunition zugegeben. Die Bevölkerung in den Kriegsgebieten ist mit ihren Problemen wieder allein.

Hat sie denn Probleme mit den Urangeschossen, die da noch herumliegen, und mit den Resten explodierter Geschosse? Mit der Radioaktivität?

Uran ist ein Schwermetall – man sollte es nicht essen und nicht einatmen. Also nicht daran herumlutschen und nicht den Staub aufwirbeln. Letzteres ist beim Spielen im Gelände mit zerplatzter Munition kaum zu vermeiden. Der Staub gelangt also in den Nahrungstrakt, ist einigermaßen giftig, wird aber auch wieder ausgeschieden. Uran ist viel langlebiger (also auch viel weniger radioaktiv) als Radium. Das bei einem Attentat 2006 in England verwendete Poloniumisotop Po-210 ist wiederum 5000-mal aktiver (kürzerlebig) als Radium. Die Strahlung ist also bei den Uranmunitionsresten ein relativ geringes Problem.

Nach Explosionen und Erhitzung beim Aufschlag auf eine Panzerplatte ist das Uran überwiegend kein reines Metall mehr, sondern oxidiert, das mildert die chemische Wirkung schon beträchtlich. Wenn der Staub in die Lunge gerät, ist das ein mechanisches Problem für die Lunge (wie wird sie ihn wieder los?) und ein radiologisches (die Alphastrahlung zerstört Lungengewebe). Es ist aber von Vorteil, dass das Uran ein radioaktives Element mit mehreren Milliarden Jahren Halbwertszeit ist. Manche Leute haben Angst vor langlebigen Isotopen, aus Mangel an Kenntnis und Logik. Ideal ist eine unendlich lange Halbwertszeit, denn solche Isotope zerfallen überhaupt nicht, sie sind stabil! Und die Uranisotope sind wirklich langlebig, ihre Radioaktivität ist daher niedrig. In der Tat, ein Geigerzähler weist die Gammastrahlung nach, aber abgereichertes Uran hat eine sehr geringe Radioaktivität. Strahlungsmessungen sind sehr empfindlich, schon kleine Mengen können nachgewiesen werden – aber kleine Mengen müssen nicht wichtig sein.

Ja, das Spielen auf Schlachtfeldern ist überall gefährlich. Dort sterben Leute – überwiegend Zivilisten, denn die Soldaten haben gelernt, wie sie sich einigermaßen schützen können, und haben eine Schutzausrüstung (die allerdings nicht immer ausreicht), Zivilisten haben keine. Sprengstoffreste, nicht explodierte Munition, Treibstoffreste, giftige Kabelisolierungen (chlorhaltiges PVC!), giftige Kunststoffreste nach Bränden, Brandgase, es gibt Gefahrenquellen »noch und nöcher«. Uranmunition ist nur eine unter vielen. Weil ein Geigerzähler auf die Strahlung hörbar anspricht, sind naive Reporter aus westlichen Nationen, mit weniger als naturwissenschaftlicher Halbbildung, wahrscheinlich besonders leichtgläubig und entsetzt, wenn sie das Wort »Radioaktivität« hören.

Der *Krieg* ist das Problem für die Menschen, Zerstörung, Vertreibung, Misshandlung, Hunger, Durst, Elend, Krankheit, Seuchen – das bisschen Radioaktivität des abgereicherten Urans ist dagegen fast unwichtig. Das ist wie eine Beschwerde darüber, dass der Messerstecher ein Messer mit rostiger Klinge verwendet hat – davon kann man ja Blutvergiftung bekommen! Die rasenden Reporter können sich mit Staubmaske und Händewaschen fast vollständig gegen die Nachwirkungen der Uranmunition schützen, während die Leute vor Ort sich vor dem Dreck nicht retten können, er verschlimmert ihre Situation aber auch nicht wesentlich. Bin ich da zynisch? Vermutlich. Ja, wenn wir doch Kriege verhindern könnten, für einen friedlichen Ausgleich zwischen arm und reich, rohstoffarm und rohstoffreich, ressourcenarm und ressourcenreich sorgen könnten! *Das* ist eine Hoffnung der Menschheit, die schon lange unerfüllt geblieben ist.

Kernenergienutzung

■ **Friedliche Kernenergienutzung – gibt es die?**

Auch Kernwaffen stellen eine Art »Nutzung der Kernenergie« dar. Das nachfolgende Kapitel über den Uranbergbau betrifft deshalb Waffenproduktion (zumal dank der Überproduktion hinreichend viele Kernwaffen hergestellt wurden, um damit die Menschheit mehrfach ausrotten zu können – der sprichwörtliche *Overkill*) und zivile Nutzung gleichermaßen. Es lässt sich darüber streiten, ob die Militärs in den USA und der Sowjetunion so viele Sprengköpfe haben wollten, weil sie den Zuverlässigkeitszusagen der Hersteller nicht trauten, oder ob die an der Herstellung der Trägersysteme (Flugzeug- und Raketenbauer, Elektronik, Stahl und Beton für Raketensilos und Bunker) verdienenden Firmen es nur erfolgreich geschafft haben, den Gegner als so durchsetzungsfähig hinzustellen, dass er die doch eigentlich so vortrefflichen Bomber und Raketen noch vor deren Einsatz beschädigen werde – es sei denn, man selbst habe derer so ungemein viele, dass immer noch einige übrig bleiben würden, die dann immer noch den Rest der bewohnbaren Welt vernichten könnten. Nein, mit Logik hat das nicht viel zu tun. Wohl eher mit Allmachtsgefühlen, Machogehabe und gleichzeitiger Angst, gegen die man sich mit Kernwaffen »versichern« möchte.

Dieselben politischen Entscheidungsträger (und teilweise dieselben industriellen Berater) sind auch mit der zivilen Nutzung der Kernenergie befasst, also der kontrollierten Nutzung von spaltbarem Material in Kernreaktoren zur Stromerzeugung. Zwar wird uns – wie bei den Kernwaffen – erzählt, diese zivile Kernenergienutzung sei unbedingt notwendig, technisch voll beherrscht und deshalb sicher, aber allein schon die Feststellung, dass es teilweise dieselben Personen und Firmen sind, deren Interessen auch mit Kernwaffen verknüpft sind, birgt bei solchen Behauptungen Anlass zur Skepsis. Mit Kernreaktoren möchte man sich gegen eine zukünftige Energieknappheit »versichern«, Kernreaktoren gelten als Prunkstücke industrieller Leistungsfähigkeit eines Landes (Machogehabe) und spiegeln gleichzeitig nationales Interesse (wer selbst welche bauen kann, kauft keine im Ausland).

Frankreich hat im Zuge seiner Selbstdefinition als Atommacht sowohl Atomwaffen entwickelt und in der Sahara und zuletzt im Südpazifik getestet als auch seine nationale Stromerzeugung über Jahrzehnte fast ausschließlich auf Kernkraftwerke gestützt – eine industrielle Monokultur, die sich durchaus nicht in die erhoffte technologische Marktführerschaft umsetzen ließ, die man dort wohl erhofft hatte. Selbst das französische Militär hat gegen Ende des Kalten Krieges festgestellt, dass die einseitige Festlegung auf die atomare *Force de Frappe* (deren taktische Raketen mit ihrer kurzen Reichweite nur Ziele im Nachbarland Deutschland hätten erreichen können) die Armee ungeeignet werden ließ für die Verfolgung französischer Interessen in Konflikten unterhalb der Schwelle eines Weltkrieges, zum Beispiel in den ehemaligen französischen Kolonien.

Es mag durchaus sein, dass die Welt weiterhin Kernkraftwerke zur Stromerzeugung bauen und betreiben wird, weil uns Politiker von der Notwendigkeit dazu über-

zität ausgelastet sind. Ein Viertel klingt schlecht? Bei einem Kernkraftwerk gehen etwa zwei Drittel der erzeugten Wärme durch die Kühlung raus, nur ein Drittel der Wärmeleistung wird als Strom abgeliefert. Dazu kommen die ausgedehnten, manchmal jahrlangen »Revisionszeiten«, wenn ein KKW in seinen Komponenten auf deren Erhaltungszustand überprüft wird oder neuerdings erforderliche Sicherheitsmaßnahmen nachgerüstet werden. Konventionelle Kohle-, Öl- und Gaskraftwerke können näher an den Verbrauchern gebaut werden, da kann auch die Abwärme noch für die Fernheizung dienen – und das verdoppelt den → Wirkungsgrad, das Verhältnis von genutzter zu aufgewendeter Energie.

Es gibt auch (eher kleine) Kraftwerke ohne Drehbewegung: Sonnenzellen erzeugen Strom aus der Absorption von Licht; manche Raumsonden in die Tiefe des Sonnensystems und manche Forschungsgeräte in entlegenen Gegenden auf der Erde sind mit radioaktiven Generatoren ausgestattet. In diesen wärmt der radioaktive Zerfall Material auf, und der Temperaturunterschied zu davor geschütztem Material kann zur Stromgewinnung (in kleinem Maße, aber für lange Zeit) genutzt werden. Diese nukleare Batterie für ein Raumschiff (oft mit Plutonium Pu-238) muss natürlich zuvor durch die Erdatmosphäre in den Weltraum transportiert werden – immer ein Risiko –, oder die Raumsonde kehrt nach etwa einem Jahr (wie im Fall der Cassini-Raumsonde, die derzeit den Saturn und seine Umgebung erforscht) zur Erde zurück, um sich in einem *Swing-by*-Manöver zusätzlichen Schwung zu holen – auch dabei könnte sie, auf falscher Bahn, in der Erdatmosphäre verglühen.

Einige Leute behaupten, schon wenige Kilogramm Plutonium in der Atmosphäre stellten für die Menschheit eine unzumutbare Gefahr dar; sie weisen darauf hin, dass »so viel« Plutonium als Ultragift Milliarden Menschen umbringen könnte. Die anderen verweisen darauf, dass die Batterie in einem Schutzbehälter untergebracht ist, der den Start und eventuelle Probleme dabei unbeschadet überstehen sollte, sodass das Plutonium nicht als fein verteilter Staub in die Umwelt gelangen würde; »so wenig« Plutonium würde bei einem verunglückten *Swing-by*-Manöver in der Atmosphäre so fein verteilt (»verdünnt«), dass das Risiko erträglich sei. Schließlich sind bei den vielen Kernexplosionen der 1950er-Jahre auch jeweils kiloweise unverbrauchte Plutoniummengen in die Atmosphäre gelangt – sehr unerfreulich –, ohne dass daran Milliarden Menschen starben. Ich sehe die Sorgen als »im Prinzip« (aber nicht im Ausmaß) berechtigt an, weshalb Vorkehrungen zu treffen sind, um die Risiken möglichst klein zu halten. Radioaktive Batterien sollten die Ausnahme, nicht die Regel sein (so wird es auch gehandhabt).

Der Vorschlag, radioaktiven Müll mit Raketen in die Sonne zu schießen, ist dagegen hanebüchen kurzsichtig: Dazu müsste man mit enormem Aufwand (und beim heutigen Stand der Technik unter beachtlicher Verschmutzung der Atmosphäre durch die Verbrennungsabgase) Tausende großer Raketen betreiben – dass davon welche scheitern würden, ist fast sicher. Dann ginge es um Tonnen, um Tausende von Kilogramm radioaktiven Materials.

Zurück zu den Kernkraftwerken großen Stils. Ein typisches großes Kohlekraftwerk kostet eine halbe Milliarde Euro und liefert 600 MW (Megawatt) elektrische Leistung, ein typisches Kernkraftwerk kostet 5 Milliarden Euro und liefert 1300 MW elektrische Leistung (und fast 3000 MW Abwärme in Flüsse und Atmosphäre). Turbinen- und Generatorenteil sowie die Kühltürme sind bei konventionellen und Kernkraftwerken eigentlich gleich, der Preisunterschied liegt also in dem Aufwand, Wasser zu kochen, entweder mit Kohle oder mit Uran. Was ist denn da so unterschiedlich, was treibt den Preis?

■ Auch Kohlekraftwerke strahlen

Die riesigen Kessel im Kohlekraftwerk brauchen täglich Hunderte, im Laufe des »Lebens« des Kraftwerks Millionen Tonnen an Brennmaterial. Die Asche (nicht so viel leichter) muss entsorgt werden, Tausende von Tonnen Staub müssen aus dem Abgas entfernt werden, damit sie nicht die Atmosphäre, also die Atemluft, schwärzen; Schwefel soll ausgefiltert werden, damit nicht saurer Regen Wälder und Seen noch in Hunderten von Kilometern Entfernung tötet. Die Staubfilter müssen irgendwo entsorgt werden, der Schwefel wird zum Beispiel in Gips gebunden – was machen wir mit so viel Gips? Lauter »konventionelle« Technik (die noch immer viel Raum für ingenieurmäßige Verbesserungen bietet), aber Unmengen von Brennmaterial und Abfall. Wenn das Kraftwerk jedoch abgeschaltet wird, kann es problemlos abgebaut, zerlegt und entsorgt werden. Der Stahl wandert in den Hochofen, für neue technische Produkte.

Keine Radioaktivität? Oh doch – im Betrieb: Kohle wird bergmännisch abgebaut, zusammen mit viel taubem Gestein, dem Abraum. Die Kohle ist über hundert Millionen Jahre unter Druck und Hitze aus organischem Material entstanden. Das enthielt auch damals schon Kalium und damit das radioaktive Isotop K-40. Das Gestein enthält darüber hinaus Spuren von Uran und Thorium seit der Bildung des Sonnensystems. Es ist nicht viel, aber es kommt – mit seinen Zerfallsprodukten, mit dem Radon – an die Erdoberfläche, wird zermahlen oder gar, für moderne Kraftwerke, zu Staub zerkleinert; bei der Verbrennung entsteht feiner Staub, der zum Teil zu fein ist für die Rauchgasfilter. Auch strahlendes Material verlässt den Kraftwerksschornstein. Der Anteil ist sehr, sehr klein, aber die Materialmengen, auf die sich der Anteil bezieht, sind sehr, sehr groß. Radioaktivität aus Kohlekraftwerken ist durchaus ein Problem, ein ungelöstes. Filtert man noch mehr, so kostet das nicht nur Geld, sondern auch Energie.

Wenn Bau und Betrieb und Entsorgung mehr Energie kosten, als vom Kraftwerk bereitgestellt werden kann, ist es unsinnig. Diese Überlegung betrifft selbstverständlich alle Typen von Kraftwerken. Die derzeit propagierte Endlagerung von Kohlendioxid (CO_2) aus Kohlekraftwerken ist ein Beispiel dafür: Die bisher vorgeschlagenen Verfahren sind noch nicht ausgereift, aber mit Sicherheit teuer, nicht nur geldlich, sondern in Hinsicht auf die Energieausbeute. Sie setzen den Wirkungsgrad eines Kraftwerkes deutlich herab, sodass für dieselbe Menge Elektrizität erheblich mehr Kraftwerkskapazität gebraucht wird, was zu zusätzlichen Bau-, Betriebs- und Brennstoffkosten, Abgasen und nachteiligen Klimaeffekten führt.

Die Betreiber wehren sich aus Geschäftsinteresse gegen jegliche kostenträchtigen Auflagen, aber solange die Energiekonzerne saftige Gewinne erzielen, darf man daran zweifeln, dass die Belastung der Kostenrechnung wirklich schon so extrem ist. Allerdings werden die Kosten über den Strompreis auf die Kunden übergewälzt. Will die Öffentlichkeit neben Kraftwerken frei atmen können und auch nicht verstrahlt werden, muss sie entsprechend bezahlen. Wenn wirklich irgendwann die Effizienz der

Kohlekraftwerke durch Reinigungsmaßnahmen auf null tendiert, der Energiebedarf für die Stromproduktion aber nicht mehr gedeckt werden kann, dann hilft auch Geld nicht mehr weiter.

Übrigens, nach seriösen Abschätzungen setzt ein Kohlekraftwerk im Laufe seines Lebens aus der Kohle erheblich mehr Radioaktivität frei als ein Kernkraftwerk aus seinem Brennstoff. Diese Abschätzung bezieht sich auf den Zaun des Kraftwerks; sie schließt nicht die Brennstoffgewinnung und Entsorgung ein. Ein korrekt betriebenes Kernkraftwerk ohne Störfälle kann also – nach der Papierform – ein durchaus verträglicher Nachbar sein. Sehen wir uns mal an, wodurch diese Nachbarschaft belastet wird.

■ Vom Brennelement bis zur Endlagerung

Was ist denn nun so besonders und so besonders teuer an Kernreaktoren? Das angereicherte Uran (3 Prozent U-235, 97 Prozent U-238, beides als Urandioxid UO_2) wird in große Tabletten gepresst, Hunderte davon werden in extrem präzise gefertigte Rohre aus Zirkalloy (eine zirkonreiche Speziallegierung) gefüllt. Das sind die Brennstäbe, mehrere Meter lange »Tablettenröhrchen«. Die werden wiederum gebündelt zu Brennelementen, die kommen dann in den Reaktor, einen großen Stahltank. Da passiert nicht viel. In den Brennstäben zerfallen ein paar Urankerne, senden Gammas und Alphas aus, bei Gelegenheit kommt es auch mal zur Kernspaltung mit der Aussendung schneller Neutronen. Gut, dass die Brennstäbe aus Zirkalloy bestehen, das wird durch die Neutronen nicht so sehr geschädigt oder selbst radioaktiv gemacht.

Nun kommt ein → Moderator ins Spiel, der die schnellen Neutronen abbremst. Je nach Reaktortyp kann das zum Beispiel reiner Kohlenstoff sein (Graphit in den britischen gasgekühlten Reaktoren, AGR), → schweres Wasser (kanadische Candu-Reaktoren) oder leichtes Wasser (in den meisten übrigen Reaktoren). Langsame Neutronen können viel effektiver Urankerne zur Spaltung »überreden«. Das Neutron dringt ein, der Nukleonentropfen schwingt eine Zeit lang, dann schnürt sich ein Teil ab; es bilden sich zwei kleinere Kerne, etwa drei schnelle (energiereiche) Neutronen werden freigesetzt. Solange mehr als nur eines davon (im Mittel) eine weitere Kernspaltung schafft, tritt die Kettenreaktion ein. Diese darf aber nicht so schnell werden wie die bei der Kernexplosion. Zu diesem Zweck wird passiv und aktiv geregelt: wenn das moderierende Wasser heiß wird, moderiert es weniger, Neutronen gehen stärker verloren. Man kann auch Regelstäbe (mit dem Element Bor) in den Reaktor fahren, die fangen Neutronen weg. Man muss also den Reaktor gut überwachen, damit man ihn prompt nachregeln kann.

Radioaktivität mag ja ein natürlicher Prozess sein, aber Kernkraftwerke? So absurd ist der Gedanke vielleicht gar nicht, es gab auch schon mal einen natürlichen Reaktor. In Oklo (in Gabun, an der Westküste Zentralafrikas) wurde eine Uranlagerstätte mit Isotopenverhältnissen gefunden, wie sie normalerweise nicht »in freier Natur«, sondern nur in Reaktoren auftreten. Dort reichte anscheinend vor langer Zeit die Uran-Konzentration für eine Kettenreaktion aus, wenn die Erzader voll Wasser lief. War das Wasser verkocht, hörte der »Reaktor« auf zu laufen, drang frisches Wasser ein, begann er wieder, bis das Uran weit genug verbraucht war. Das geschah schon vor Milliarden von Jahren, in einem recht frühen Stadium der Erde.

In den Brennstäben finden also Kernspaltungen statt, dabei wird Hitze erzeugt, die wird vom Wasser aufgenommen, der Dampf treibt Turbinen an. Die Brennstäbe müssen extrem hitzefest sein, sie dürfen sich auch dann nicht verformen, wenn der Wasserstand mal schnell fallen sollte, wenn also die Kühlung ausfällt (und möglichst schnell eines der Notkühlsysteme Wasser nachliefert; auch der Schock des kalten Wassers darf dann die Behälter nicht reißen lassen). Sonst kann man die Brennstäbe nicht mehr entfernen, der ganze teure Reaktor wäre Schrott.

Bei den Alphazerfällen entsteht auch irgendwann Radon, aber die natürliche Radioaktivität ist im Reaktor ziemlich unwesentlich. Kernspaltungen sind viel häufiger, und unter den Spaltungsergebnissen ist viel Xenon (Kernladungszahl 54) – normalerweise ein harmloses Edelgas, aber jetzt entstehen bevorzugt seine neutronenreichen, hochradioaktiven Isotope, wie auch bei vielen der anderen Spaltprodukte. Die Bruchstücke, insbesondere das Gas Xenon, beanspruchen Platz, der Druck im Brennstab steigt. Der Brennstab darf trotzdem nicht platzen – sonst wird das Reaktorgefäß radioaktiv verseucht (das klingt absurd, angesichts der Tonnen von radioaktivem Material in den Brennelementen), der beschädigte Brennstab kann nicht mehr leicht entfernt werden; siehe oben: strahlender Schrott. Neben den entstehenden Spaltprodukten geschieht auch etwas mit den 97 Prozent U-238 – die Neutronen wandeln es nach und nach in Plutonium (Pu-239) um. Noch mehr Strahlung.

Die Neutronen lassen sich nicht von den dünnen Hüllen der Brennstäbe aufhalten und auch nicht alle vom Kühlwasser. Sie erreichen die Wand und den Deckel des Stahltanks, die Anschlussflansche und Rohre, Armaturen usw. Die sind deshalb alle aus speziellen (teuren) Materialien gebaut, die nicht so leicht unter Neutronenbeschuss radioaktiv werden, aber Stahl wird unter Neutronenbeschuss auf Dauer spröde. (Im Laufe seines »Lebens« kann jedes Atom des Druckbehälters mehr als einmal durch ein Neutron von seinem Stammplatz verrückt werden, aber die Festigkeit des Stahls darf darunter nicht merklich leiden.)

Weil es ja mal sein könnte, dass ein Brennelement beschädigt wird, kann möglicherweise der Kühlwasserkreislauf radioaktiv verseucht werden. Dann soll nicht auch die teure Turbine im Maschinensaal, in dem sich Techniker aufhalten, mit verseucht werden. Also werden im Kernkraftwerk (mit Druckwasserreaktor) zwei Kühlkreisläufe benötigt, der Primärkreislauf, der die Brennelemente umspült und kühlt, und ein davon getrennter Sekundärkreislauf, der die Hitze des Primärkreislaufs in einem Wärmetauscher übernimmt und radioaktivitätsfreien heißen Dampf zu den Turbinen bringt. Im Wärmetauscher geht natürlich auch Leistung verloren. (In Siedewasserreaktoren, einem älteren Modell, wird das Kühlwasser verkocht und mit dem Wasserdampf direkt die Turbine angetrieben. Da gibt es eine Stelle weniger, an der Energie verloren geht, aber auch eine Sicherheitsbarriere weniger zwischen »innen« und »außen«.)

Kernkraftwerke brauchen (mindestens) drei voneinander unabhängige Schnellkühlsysteme, die in Sekundenschnelle ansprechen und von der Stromversorgung unabhängig sind. Wieso drei, reichen nicht zwei, eines als Reserve? Wenn eines der drei Systeme gewartet oder repariert wird, müssen noch immer zwei funktionsfähig sein – bei nur zweien überhaupt gibt es manchmal keine Reserve. Fällt die Kühlung aus, können die Brennelemente überhitzen, das Uran darin schmelzen und auf den Boden des Reaktorbehälters tropfen, eine kritische Masse bilden, sich durchfressen (Stoff des Films *The China Syndrome*) oder eine Kettenreaktion mit (milder) Explosion starten – Tschernobyl lässt grüßen. Letzterer Katastrophe kann man auf vielerlei Weise vorbeugen – sogar auf so billige Weise wie mit einen Reaktor-Gefäßboden, der nicht hohl (konkav), sondern konvex angelegt ist, sodass der herunterfallende Kernbrennstoff verteilt bleibt. Bereiche des Reaktorgebäudes, die bei verschiedenen Störfällen verseucht werden könnten, müssen absperrbar gebaut werden. Das alles kostet Geld und Material.

Nach dem Stand der Technik wird der Reaktor (mit etlichen seiner möglicherweise bei einem schweren Unfall betroffenen und dann möglicherweise radioaktiv werdenden Zusatzgeräten) von einem sehr stabilen Stahlbehälter und dieser wiederum von einem dicken Beton-Ei umgeben, dem *Containment*. Diese mehrfache Hülle soll den Reaktorkern vor Flugzeugabstürzen und Waffeneinwirkung von außen schützen, aber auch die radioaktiven Trümmer einer etwaigen Explosion im Innern zurückhalten. (Die Reaktoren in Tschernobyl hatten kein Containment.)

Trotz der großen Menge radioaktiven Materials im Reaktorkern kann dieser nicht wie eine Atombombe explodieren, eher so überkochen wie ein Topf auf dem Herd. Welche trickreichen Wege beschritten werden müssten, damit es eine wirklich starke Explosion wie bei einer militärischen Bombe geben kann, habe ich bereits erläutert. Eine Sprengkraft wie von vielen Dutzend Tonnen Sprengstoff ist natürlich noch immer eine Menge, aber die Luftschutz- und U-Boot-Bunker, die den Zweiten Weltkrieg überstanden haben und sich zum Teil als ausgesprochen abrissresistent erwiesen haben, beweisen, dass stabile Betongebäude in der Tat auch gegen große Sprengungen schützen können.

Was in neuen Kernkraftwerken von vornherein sinnvoll eingeplant werden kann, ist in den alten meist noch nicht so vorgesehen. Im August 2006 sprangen – wie schon zu Anfang des Buches erwähnt – im schwedischen Kernkraftwerk Forsmark Notstromaggregate nicht gleich an, die nach einem Kurzschluss, der das Kraftwerk vom Netz trennte, die Eigenversorgung übernehmen sollten. Die Schnellabschaltung und -kühlung des Reaktors durch Wasser aus hoch liegenden Reservoirs – ohne elektrische Pumpen – hatte geklappt. Die Eigenversorgung umfasst auch die Kontrolle des Reaktors und der Notkühlung. Vier Notstromaggregate mit Dieselmotorenantrieb waren vorhanden, aber nur zwei davon sprangen – nach einer nervenaufreibenden Verzögerung von über 20 Minuten – endlich auch an. Nicht der nukleare Teil der Anlage versagte, sondern die konventionelle Technik, die zum kontrollierten Betrieb der Nuklearanlage notwendig ist – dauernd, mit kurzer Reaktionszeit, höchst zuverlässig, über die volle Betriebsdauer von vier oder mehr Jahrzehnten.

Erst anlässlich solcher Pannen wird bekannt, dass auch mindestens ein deutsches Kraftwerk schon mal ein ähnliches Problem (in milderer Form) hatte; jetzt besteht die Sorge, mehr solcher Kraftwerke könnten mit Notstromanlagen mit demselben möglichen Schaltproblem ausgestattet sein.

Die Brennstäbe bleiben im Normalbetrieb etwa zwei Jahre im Reaktor und werden dann durch frische ersetzt. Das U-235 darin ist von drei Prozent Anteil am Anfang bis auf vielleicht ein Prozent verbraucht. Die vielen Spaltprodukte strahlen vor sich hin, erhitzen den Brennstab, aber nicht mehr in einem Maße, dass es für die Dampfproduktion im Kraftwerk ausreicht. Was tun? Die Stäbe müssen weiter gekühlt werden, sonst schmilzt selbst das Zirkalloy. Sie werden in Wasserbecken (Abklingbecken) mit größerem Abstand zwischen den Brennstäben gelagert, damit keine neue Kettenreaktion mehr gefördert wird. Nach einigen Jahren sind die kurzlebigen Isotope weitgehend ausgestorben (»abgeklungen«, mit Halbwertszeiten von Sekunden bis zu einigen Monaten), ab jetzt reicht eine Luftkühlung aus, und die Brennelemente werden in oberirdische Zwischenlager (wie in Ahaus und Gorleben) verbracht. Nach weiteren (etlichen) Jahren sind »nur noch« relativ langlebige Isotope aktiv, für die allerdings ein sicheres Endlager für die nächsten hunderttausend Jahre noch gesucht wird.

Die Brennstäbe bleiben auch im Endlager auf Dauer warm, Gammastrahlung dringt auch durch die Zirkalloyhülle. Wenn man die Brennelemente in Lagerfässer einpackt, müssen diese trotzdem irgendwie gekühlt werden, damit sie nicht irgendwann platzen. Eine Idee dazu ist die, sie in Salzbergwerke einzulagern und dort mit losem Salz zu umgeben; der Kontakt der Fässer mit dem Salz soll dann die Wärme abtransportieren. Klingt gut, aber die Natur ist nicht so einfach gestrickt wie ein Entwurf auf Papier. Die Salzstöcke sind anscheinend nicht durchgehend trocken, sondern von Wasseradern durchzogen (schon an der Ablagerung des Salzes war Wasser beteiligt). Warmes Wasser löst Salz, warmes Salzwasser korrodiert auch Edelstahlfässer, laugt vielleicht auch in Glas eingeschmolzene Brennstäbe aus, über viele, viele Jahre – und dann kommt der Inhalt als radioaktive Brühe in unsere Umwelt, pardon, in die unserer Nachkommen, zurück. Die haben bis dahin wohl schon längst vergessen, welche antiquierte Technologie diesen radioaktiven Müll produziert hat und wie man sich davor in Acht nehmen muss und sich vielleicht schützen könnte. Traurige Aussichten.

geliefert, die jetzt im Reaktor 3 des havarierten KKW Fukushima große Sorge bereiten. Auch deshalb wird die (überwiegend französische) Firma *Areva* als erste auswärtige zu den Überlegungen hinzugezogen, was denn in Fukushima noch zu retten sein könnte.

■ **Der Politik-Kernkraft-Komplex**

Die Kernenergiewirtschaft und ihre politischen Unterstützer klagen gerne, dass alle Schwierigkeiten der Industrie durch die Kernkraftgegner und Umweltverbände verursacht werden. Sie selbst hätten ansonsten alles im Griff, es gebe keine Sicherheitsprobleme.

Nehmen wir als Beispiel den → Kugelhaufen-Reaktor, eine deutsche Entwicklung, in dem der Kernbrennstoff in apfelsinengroßen Kugeln aus »pyrolytischem Graphit« untergebracht wurde. Die Kugeln galten als extrem haltbar – man behauptete, die Kugeln seien so haltbar, dass man am Ende Schwierigkeiten mit der Wiederaufarbeitung haben werde. Ein kleiner Forschungsreaktor mit 15 MW Leistung, der AVR, wurde in der Kernforschungsanlage Jülich etwa 25 Jahre lang problemlos betrieben, das Design schien also in Ordnung. Ganz selten zerbrach mal eine Graphitkugel, die Trümmer wurden dann mit dem üblichen Kugelaustausch (oben rein, unten raus) entsorgt.

Für die erste industrielle Anlage dieser Baureihe suchte man sich den Ostrand des Ruhrgebietes aus, den Ortsteil Hamm-Uentrop, wo schon ein konventionelles Kraftwerk stand und den bescheidenen Fluss Lippe zur Kühlung nutzte. In Erwartung des Kernreaktors wurde schon mal nach neuesten Techniken ein riesiger Kühlturm errichtet, der lange Zeit weithin sichtbar das Gelände schmückte – noch ohne Reaktor.

Der Kugelhaufen-Reaktor wird von dem Edelgas Helium durchströmt und gekühlt. Helium wird selbst nicht radioaktiv, das schien günstig, und es geht auch bei hohen Temperaturen keine chemischen Verbindungen ein, korrodiert also nicht die Materialien der Anlage. Man wollte nämlich mit dem Kugelhaufen-Reaktor demonstrieren, dass man bei Temperaturen bis 900 °C arbeiten könne, das sollte – in einem späteren Modell – ausreichen, um Kohle unter Tage zu vergasen. Man hätte die nützlichen Bestandteile der Kohle für die chemische Industrie oder Autotreibstoff, ohne die Kohle (und viel taubes Gestein) ausgraben zu müssen. Ein hehres Ziel, aber es ist in absehbarer Zeit allenfalls auf dem Papier zu verwirklichen. Trotz der Propaganda, dieser erste praktische Kugelhaufen-Reaktor im Industrieformat war nicht wirklich auf solch hohe Temperaturen ausgelegt.

Der Plan sah einen robusten, handlichen Hochtemperatur-Reaktor (→ THTR) von 600 MW elektrischer Leistung vor. Kein kleiner Schritt vom AVR, aber ein kleineres Gerät empfand man als wohl zu unwichtig und als nicht wirtschaftlich – andere Reaktoren erreichten gerade die 1300-MW-Klasse. Der Reaktor wurde in eine relativ leicht gebaute Halle gesetzt, denn man würde ja nicht die unter hohem Druck stehenden Kühlwassermengen anderer Reaktoren zu bändigen haben. Als Schmankerl wurde ein riesiger Kühlturm in hochmoderner Leichtbauweise errichtet, der schon viele Jahre vor dem Bau des THTR seinen zukünftigen Standort markierte. Da geschah es, dass die Öffentlichkeit bemerkte, wie Militärpiloten gern die auffälligen Kernkraftwerke zu Orientierung benutzten, auch im Tiefflug. Nicht nur müsste man den Piloten verbieten, die Kraftwerke anzufliegen (deren Kühltürme man doch so gut schon von Weitem sieht), man müsste auch zukünftige Kraftwerke mit einer so stabilen Beton- hülle versehen (oder sie eingraben), dass ein aus großer Höhe darauf stürzendes Triebwerk aus einem Kampfflug- zeug oder einem Jumbojet sie nicht durchschlagen würde. (Es fallen aber nicht allzu viele Jumbo-Triebwerke runter, oder?)

Der THTR war noch im Bau, man konnte also noch um- bauen – oder mit der gerichtlichen Verweigerung der Be- triebsgenehmigung drohen. Der Bau hinkte längst hinter dem Plan her, aber nun konnte man seitens der Betreiber behaupten, man werde wieder mal durch die Kernkraft- gegner behindert. Ein dicker Betondeckel wurde nachträg- lich über dem Reaktor errichtet. Irgendwann wurde dann auch der Reaktor fertig, feierlich in Betrieb genommen, lief an (wie erwartet bei nicht so hohen Temperaturen), machte eine Erprobungsphase durch – und wurde leise wieder abgeschaltet. Warum?

Innerhalb des ach so robusten und pflegeleichten Reak- tors hatte man einen Kanal vorgesehen, durch den beschä- digte Brennstoffkugeln in einen eigenen, innen gelegenen Behälter abgezweigt wurden, um dort in Ruhe ihre Radio- aktivität abklingen zu lassen. Die Größe dieser Kammer war nach den guten Erfahrungen am AVR auf viele Jahre Routinebetrieb ausgelegt worden. Die Kammer war aber schon nach einem halben Jahr voll, denn in dem größeren »Kohlehaufen« gab es auch mehr Bruch. Man hätte den inzwischen radioaktiv »heißen« Reaktor zerlegen müs- sen, um an diese Müllkammer zu gelangen und sie zu lee- ren. Da stellte man den Betrieb lieber endgültig ein, baute die Hilfsgeräte ab und sprengte den nunmehr nutzlosen Kühlturm, der sonst zu verrotten drohte.

Das alles spricht nicht gegen den Kugelhaufen-Reaktor – sein Prototyp hat in der Kernforschungsanlage Jülich über lange Jahre (angeblich) anstandslos funktioniert, aber »um Geld zu sparen«, wurde danach mindestens eine Entwicklungsstufe übersprungen und das kommerzielle Demonstrationskraftwerk gleichzeitig nicht hinreichend finanziert. In der Wirtschaftspolitik hat auch die Konkurrenz Einfluss; in diesem Fall, so munkelt man, habe der Kohlebergbau mitgemischt und die unwillkommene Konkurrenz aufs Glatteis geführt. Angeblich gibt es in Südafrika, Russland und China weiterhin Interesse an Kugelhaufen-Reaktoren (*Pebble Bed Reactors*). Auch mit Lizenzen kann man Geld verdienen; es heißt, Lizenzen seien in diese Länder vergeben worden oder Absprachen zur Zusammenarbeit getroffen.

Rheinland-Pfalz (oder seine führenden Politiker) wollte auch Kernreaktoren haben. Südlich von Frankfurt standen bei Biblis schon mehrere, aber auf der hessischen Seite des Rheins. Die gerieten zu Zeiten Joschka Fischers als erstem (»grünem«) Umweltminister eines Bundeslandes ins Fadenkreuz der Atomaufsicht. Überprüfungen zeigten erhebliche Mängel; die Blöcke sollten reihum stillgelegt und die Anlagen repariert und ergänzt werden, bevor sie wieder in Dienst gehen dürften. Nach Jahr und Tag las ich in der Zeitung, die Betreiber beschwerten sich, man habe immer noch nicht wieder die neue Betriebsgenehmigung. Die Opposition im Landtag schloss sich der Kritik an, »die Wirtschaft werde geschädigt«. Da wagte es das Ministerium, nach den auferlegten Verbesserungen der Sicherheitseinrichtungen zu fragen. Nein, die waren noch nicht vorgenommen worden.

Rheinland-Pfalz wählte für sein Kernkraftwerk einen Abschnitt des Rheins bei Koblenz. Das Kernkraftwerk

Mülheim-Kärlich wurde geplant, bewilligt, gegen viele Einsprüche von Bürgern und Verbänden gerichtlich und behördlich durchgesetzt, gebaut und beinahe in Betrieb genommen. Da endlich gab ein Gericht den Klägern gegen eine der letzten Stufen der Betriebsgenehmigung für das Kraftwerk recht – das Kraftwerk war in einer bekannten Erdbebenzone errichtet worden. Diese Erdbebengefahr war schon vor Planungsbeginn bekannt, sie musste auch den Genehmigungsbehörden bekannt gewesen sein, aber Parteipolitik hatte offenbar Vorrang vor Erdbeben. Noch hat dort seither die Erde nicht so sehr gebebt, aber wenn es geschähe, wäre auch ein Kernkraftwerk – und damit die Bevölkerung – gefährdet.

Die hypothetische Produktion dieses nie betriebenen Kernkraftwerkes wurde später in die Diskussion um die Restlaufzeiten der alternden Kernkraftwerke (»Atomausstieg«) eingebracht, damit die längst abgeschriebenen Altreaktoren ihren Betreibern – ohne neue Investitionskosten – noch mehr Geld in die Kassen spülen können. Vierzig geplante Betriebsjahre einer Bauruine sollten verschachert werden. Merkwürdig.

Das Kernkraftwerk Stade (an der Niederelbe) galt seinerzeit unter Umweltschützern als besonders marode und stilllegungsreif – die Industrievertreter aber legten Wert darauf, gerade dieses kritisierte Kraftwerk nicht als erstes abzuschalten, als die Restlaufzeitenvereinbarung mit der Bundesregierung geschlossen wurde. Werden Entscheidungen in der Kernenergiewirtschaft wirklich immer nach bestem Wissen und Gewissen getroffen? Wird im Konfliktfall eher nach wirtschaftlichen oder nach sicherheitstechnischen Gesichtspunkten entschieden? Die Betreiber von Kernkraftwerken wollen im Auftrage der Besitzer (Aktionäre) Geld verdienen. In diesem Spannungsfeld von unterschiedlichen Interessen werden dann auch Kompromisse beschlossen, die durchaus nicht immer alle zufriedenstellen – oder beruhigen.

■ Störfall – Krümmel, Tschernobyl, Fukushima …

In der Elbmarsch oberhalb von Hamburg liegen das Kernkraftwerk Krümmel und das Forschungszentrum Geesthacht, das mal gegründet wurde, um deutsche Handelsschiffe mit Atomkraft anzutreiben. Das Frachtschiff *Otto Hahn* wurde auch gebaut, aber der Reaktor mit seiner dicken, schweren Abschirmung nahm viel Platz weg, und das kostete Laderaum. Auch gab es nicht viele Häfen, die eine solche Menge von radioaktivem Material, wie sie der Reaktorkern enthält, willkommen heißen. Das Schiff lief störungsarm, aber es rechnete sich nicht; es wurde nach wenigen Jahren wieder stillgelegt.

In den späten 1980er-Jahren erkrankten in den Dörfern der Elbmarsch etliche Kinder an Leukämie, wo nach statistischer Erwartung allenfalls ein paar wenige Fälle, wenn überhaupt welche, hätten auftreten sollen. Jahre danach wurde, nach viel Protest in der Öffentlichkeit, in Schleswig-Holstein eine Untersuchungskommission eingesetzt, die sich aber bald zerstritt. Die Expertin in der Kommission, die die festgestellte Häufigkeit für signifikant hielt, wurde vielfach verächtlich gemacht. Es gab auch keinen regulären Abschlussbericht. Zwanzig Jahre nach Tschernobyl wurde die Geschichte spätabends im Fernsehen wieder aufgegriffen. Der Kinderarzt des Dorfes bestätigte seine Darstellung von soundso vielen Leukämiefällen, Zeitzeugen berichteten von einem merkwürdig farbigen Feuer am anderen Elbufer, zwischen den Zäunen von Kernkraftwerk und Forschungszentrum, an einem bestimmten Tag des Jahres 1986, mysteriöse Kügelchen wurden im Boden gefunden, aber die angesprochenen deutschen Universitätslabors verweigerten eine Untersuchung auf Radioaktivität, als sie vom Fundort hörten. Ein weißrussischer Physiker wagte es schließlich doch und fand nach seiner Einschätzung radioaktives Material ähnlich dem, wie es auch für den Kugelhaufen-Reaktor gebraucht wurde. Was war mit dem Feuer? Wurde die Feuerwehr gerufen? Der Feuerwehr waren die Akten jener Jahre in der Feuerwache verbrannt. Merkwürdig.

Da fragten die Reporter jemanden von der Untersuchungskommission, was die denn dazu gesagt habe. Nichts – der Untersuchungsauftrag beschränkte sich darauf nachzuprüfen, ob *im Kernkraftwerk* in dieser Zeit ein Störfall aufgetreten sei. Zu mehr seien sie nicht befugt gewesen. Nein, die Akten und Aufzeichnungen des Kernkraftwerks seien nicht einzusehen. Die Reporter wagten den Schluss, dass das Ereignis (das merkwürdige Feuer und das spätere Auffinden von radioaktivem Material auf dem anderen Elbufer) wenige Wochen nach dem Kraftwerksunfall in Tschernobyl vielleicht das Ende der Kernkraftnutzung in Deutschland bedeutet hätte – und was auch immer dort mit radioaktivem Material geschehen war, wurde deshalb verschwiegen und verborgen. Das ist denkbar.

Störfälle in Kernkraftwerken müssen den Behörden gemeldet werden. Aber was bezeichnen die Betreiber als Störfälle? Wenn der Reaktorkern zu heiß wird, wird Wasser zersetzt, in Wasserstoff und Sauerstoff. Das Wasserstoffgas strebt, weil es so leicht ist, an die Decke. Wasserstoffgas und Sauerstoff können in der richtigen Mischung

Knallgas bilden, und das ist explosiv. Man möchte also das Wasserstoffgas schnell loswerden. Das war auch auf *Three Mile Island* bei Harrisburg (Pennsylvania) so. Im Falle radioaktiver Pannen kann der Wasserstoff auch das schwere Isotop Tritium enthalten, das selbst radioaktiv ist. Deshalb darf ein Kraftwerksbetreiber den Wasserstoff nicht einfach in die Außenluft ablassen. Daten der Strahlenüberwachung legen den Verdacht nahe (nach meiner Erinnerung an einen SPIEGEL-Artikel ging es eher zufällig auch dabei um Krümmel, aber zu einer anderen Zeit), dass da jemand die Sicherheitseinrichtungen, die so etwas verhindern sollten, umging und das Gas einfach freisetzte – das war billiger und schneller als der vorgeschriebene Weg.

Ja, wer macht denn so was? Vermutlich Physiker – als ich mit Kollegen darüber redete, kam der Verdacht gleich auf. Sicherheitsvorkehrungen mögen idiotensicher sein, aber ein Physiker setzt dann seinen Stolz darein, sich selbst – wenn schon nicht anderen – zu zeigen, dass er einen Weg um die Sperren herum findet: »Ich weiß doch, was ich tue.« Von einem anderen Störfall heißt es, da habe jemand die Messgeräte abgeschaltet, damit beim Abblasen von Luft mit radioaktiven Anteilen kein Alarm ausgelöst wurde – und anschließend wieder eingeschaltet. Das Messprotokoll zeigt dann zwar eine Lücke, aber keine besorgniserregenden Werte. Ich weiß, das ist nicht dokumentiert – das war ja, wenn es zutrifft, der Sinn der Aktion. Aber so etwas passt zur Alltagserfahrung.

Auch die Techniker in Tschernobyl, die spätnachts Betriebsversuche bei geringer Reaktorleistung unternahmen, glaubten zu wissen, was sie taten – ihnen wies man nach, dass sie es hätten wissen müssen, dass der Reaktor sich nicht so verhielt, wie sie erwarteten. Der menschliche Faktor ist eben nicht nur Unwissen, sondern auch Besserwisserei, der Firma helfen wollen, Geld und Zeit sparen, gute Absichten mit möglicherweise katastrophalen Folgen. Ein Reaktorunfall in Deutschland, bei dem ein Gebiet im Umkreis von nur zehn Kilometern wegen radioaktiver Verseuchung gesperrt und evakuiert werden müsste, eine radioaktive Wolke mit etwas Wind und Niederschlag in einem Gebiet von 100 Kilometern Länge und 10 Kilometern Breite – das kann in Deutschland die Vertreibung von mehreren Millionen Menschen aus ihren Wohnungen und den Verlust ihres Besitzes bedeuten. Die astronomischen Kosten solch eines Ereignisses übersteigen die Leistungskraft jeder Versicherung und Rückversicherung. Die Kraftwerksbetreiber brauchen sich deshalb nur bis zu einer viel geringeren Schadenshöhe zu versichern, das versicherungstechnische Restrisiko »trägt der Staat«. Das »Restrisiko« tragen wir sowieso alle.

Hätte der Tschernobyl-Reaktor eine stabile Betonhülle gehabt und wäre sie dicht geblieben (trotz hindurchführender dicker Kühlwasserrohre und elektrischer Leitungen), wäre die Auswirkung des Unfalls auf Millionen von Menschen, die eine merkliche zusätzliche Strahlenbelastung erfahren haben, Hunderttausende, die zumindest zeitweise aus ihrer Heimat flüchten mussten, und Tausende, die beim Versuch, den Brand zu löschen und die Strahlungsquellen einzudämmen, hohe Strahlendosen abbekamen, erheblich geringer gewesen. Es wäre aber nicht sicher, dass die Betonhülle auf Dauer (Tausende von Jahren) dicht geblieben wäre – dasselbe Problem hätte ein noch so stabil eingepackter Reaktor bei uns auch – der Unfall darf schon nicht passieren.

In Tschernobyl wurde versucht, das Reaktorgebäude nach dem Störfall abzudichten. Das ist in den ersten zwanzig Jahren nicht gelungen; jede Verbesserung des sogenannten Sarkophags muss das umschließen, was schon dort ist und seither radioaktiv verseucht wurde, muss also noch größer werden und ist noch schwieriger zu bauen. Eine Lösung ist nicht abzusehen.

An Tschernobyl haben wir uns gewöhnt. Ein veraltetes Kernkraftwerk aus der Sowjetzeit, in der fernen Ukraine. Wer weiß schon, wo das genau liegt, wer fährt da schon hin? Auf dem Wasserwege stromab ist Kiew gar nicht mal so weit entfernt! Hunderttausende »Liquidatoren« wurden eingesetzt, um in kurzen Spurts unter behelfsmäßiger Bleikleidung einen Teil einer Minute nahe der Strahlungsherde zu verbringen und Puzzlesteine zur Abdichtung beizutragen. Dann hatten sie eine Strahlenbelastung erhalten, die sie für die weitere »Nutzung« unbrauchbar machte, und sie wurden wieder heimgeschickt. Dutzende der Liquidatoren (»relativ wenige«) starben binnen Kurzem qualvoll an den erlittenen Strahlenschäden. Unter den anderen werden vermutlich viele mittlerweile an Krankheiten leiden, die ohne die Strahlenbelastung so nicht oder nicht so stark ausgebrochen wären, weil ihre Immunabwehr geschädigt wurde. Viele Tausend werden irgendwann an Krebs erkranken, zum Teil »statistisch betrachtet« als Spätfolge der erlittenen Bestrahlung, aber im Einzelfall nicht ursächlich zu begründen. Krebs ist eine komplexe Krankheit, deren Ursachen nur teilweise entschlüsselt sind.

Letztendlich werden »an Tschernobyl« Tausende vorzeitig sterben, aber in nur wenigen Fällen kann der ursächliche Zusammenhang individuell nachgewiesen werden. Hunderttausende mussten ihre Heimat verlassen, um nicht schon durch den langen Aufenthalt in der Gefahrenzone auf Dauer eine merklich schädliche Strahlendosis aufzunehmen. Ja, alles Grünzeug und Kleingetier (das ja in der Regel weniger lang lebt als der Mensch) wächst dort nach wie vor, oberflächlich erscheint die Gegend ungefährlich, aber das Strahlenrisiko besteht und vergrößert sich mit der Aufenthaltsdauer. Der Schein der Harmlosigkeit trügt.

Im März 2011 erfolgt das Erwachen aus dem stillen Verdrängen von Tschernobyl und seinen Folgen. Das stärkste Erdbeben seit Langem schädigt Straßen, Versorgungsleitungen und Häuser in einem Teil der japanischen Hauptinsel, verschiebt ganz Japan um 2,4 Meter nach Osten, weil die darunterliegende, vorher festgeklemmte Kontinentalplatte aus ihrer Verankerung am Ostrand springt. Die japanische Inselkette besteht zum großen Teil aus Vulkanen, die sich genau an solchen Stellen nahe Bruchlinien (Subduktionszonen) bilden. Japan erlebt deshalb häufig Erdbeben. Wenn dabei der Meeresboden angehoben wird, kann es zu Seebeben kommen, mit Anhebung des Meeresspiegels. Die Japaner kennen das, haben ein eigenes Wort dafür, *Tsunami,* üben regelmäßig schon in der Schule das Verhalten bei Erdbeben und Tsunamiwarnung.

Das starke Beben von 2011 erzeugt einen Tsunami, wie er hier nur alle paar Hundert Jahre vorkommt; Berichte über starke Tsunamis sind aus früheren Jahrhunderten überliefert. Nur wenige Jahre zuvor hat ein deutlich weniger starkes Beben (Niigata-Chuetsu-Beben im Juli 2007) zu einem nicht ganz so starken Tsunami an der Westküste geführt, der das weltgrößte Kernkraftwerk in Kashiwasaki an der Küste beschädigte. Damals reichten die Vorkehrungen aus, die meisten Kraftwerke einigermaßen schnell wieder unter Kontrolle zu bringen. Von den sieben Reaktoren in Kashiwasaki sind allerdings auch über drei Jahre

kann halt im Wasser in den menschlichen Körper aufgenommen werden, und es gilt als unfein, radioaktive Stoffe bewusst in die Umwelt zu entlassen. In Three Mile Island hatte man Glück, es kam nicht zur befürchteten Knallgasexplosion (die bestimmte Mengenverhältnisse mit Sauerstoff voraussetzt, sonst bleibt es bei einer milden Verpuffung ohne wesentliche weitere Schäden). In Fukushima wartete man ab; zwei Reaktorgebäude wurden durch Explosionen beschädigt, die vermutlich jene vermeidbaren Knallgasexplosionen waren. Diese Explosionen sind für sich genommen zu schwach, um den Sicherheitsbehälter zu gefährden.

In tief gelegenen Teilen der Reaktorgebäude wurde radioaktiv verseuchtes Wasser gefunden. Vermutlich ist also mindestens einer der Sicherheitsbehälter undicht geworden, was den Wasserstand darin weiter absinken lässt. Es ist schwierig, so ein Leck zu finden, wenn man sich dem Gebäudeteil mit seinen vielen Rohrleitungen und hoher Radioaktivität kaum nähern kann. Danach gilt es, einen heißen Stahlbetonbehälter zu flicken, während das Leck auf der Gegenseite unter heißem Wasser und Überdruck steht. Um den Zugang überhaupt menschenzumutbar zu machen, wurde die bereits ausgetretene Brühe ins nahe Meer gepumpt, wo sie nach und nach verdünnt wird, aber natürlich weiterhin radioaktiv strahlt.

Wenn im Normalbetrieb die Brennstäbe am Ende ihrer Dienstzeit aus dem Reaktor geholt werden, müssen sie weiterhin in Wasserbecken (Abklingbecken) gekühlt werden, bis die Folgereaktionen der Kernspaltung so weit nachgelassen haben, dass Luftkühlung ausreicht. In Fukushima waren mehrere der Reaktoren zu Wartungszwecken außer Betrieb, ihre Brennelemente deshalb im Abklingbecken geparkt. Deshalb waren dort mehr Brennelemente als üblich – und dann beschädigte das Erdbeben genau das vollste dieser Becken, sodass das Kühlwasser ablief. Die in den Brennstäben erzeugte Hitze ist zwar nicht mehr so hoch wie im Reaktorbetrieb, aber für Schäden an den geparkten Brennstäben reicht es allemal. Das Wasser dient auch als Strahlungsschirm – wie will man diese Becken reparieren, in denen nun teilweise beschädigte Brennelemente intensiv radioaktiv strahlen? Kühlendes und abschirmendes Wasser kann man erst nach der Reparatur zugeben. Man hat versucht, durch Besprühen mit Meerwasser wenigstens die Temperatur zu senken. Das verdunstende Meerwasser hat dicke Salzkrusten hinterlassen, die später das Untersuchen der Brennelemente stark stören werden. Heißes Salzwasser reagiert chemisch stärker als kaltes Wasser, das führt zu Korrosionsschäden.

Die Brennstäbe werden von oben her in den Reaktor eingeführt (eingehängt). Derselbe dazu verwendete Kran holt die verbrauchten Brennstäbe aus dem Reaktor und transportiert sie in das Abklingbecken. In neueren KKW befinden sich Reaktor, Kran und Abklingbecken in einem gemeinsamen, sehr großen und dickwandigen Sicherheitsbehälter (Containment) aus Stahlbeton. In Fukushima, einer 40 Jahre alten Anlage, liegt das Abklingbecken außerhalb des (kleineren und schwächeren) Sicherheitsbehälters. Man hat also einen Reaktor von der Höhe mehrerer Etagen, darüber einen Kran (so etwa in der 4. und 5. Etage), der die etwa vier Meter langen Brennstäbe aus dem Reaktor holen kann und sie (bei offenem Sicherheitsbehälter) zu einer Position auf der Seite fahren kann, zu einem tiefen »Schwimmbecken« in der vierten Etage. Mindestens eines dieser Schwimmbecken ist in Fukushima im Erdbeben leckgeschlagen. Die darin befindlichen Brennstäbe sind also von der Umwelt nicht durch einen dicken Sicherheitsbehälter getrennt, sondern sie stehen innerhalb des durch die Knallgasexplosion beschädigten Gebäudes unter freiem Himmel. Bei einem der Nachbeben wurde festgestellt, dass das Gebäude so sehr schwankte, dass Wasser aus einem der Abklingbecken herausschwappte. Das kann bei dieser Bauweise und im Erdbebengebiet keine Überraschung darstellen.

Im Normalbetrieb verbringen die ausgebrannten Brennstäbe mehrere Jahre in Abklingbecken (Wasser) und danach etliche weitere im Zwischenlager (Luftkühlung), bevor sie irgendwann in ein Endlager überführt werden. In dieser Kette hofft man, dass die Hüllen der Brennstäbe dicht bleiben, damit die eingeschlossenen hochradioaktiven Materialien dort verbleiben. In Fukushima werden vermutlich alle Brennstäbe vorsichtshalber als beschädigt gelten müssen, was die zukünftige Abschirmung und Lagerung erheblich erschwert. Zusätzliche Ummantelungen müssen konstruiert und gebaut werden, mit eigener Kühlung und ferngesteuerter Montage unter Roboterkontrolle.

Wenn Brennstäbe beschädigt werden, entweichen bei der Kernspaltung erzeugte Gase, zum Beispiel Xenon mit mehreren radioaktiven Isotopen. Solch ein Edelgas verteilt sich in der Atmosphäre und stellt danach nur noch eine mindere Gefahr dar. Ebenso entsteht Iod mit verschiedenen Isotopen, von denen nur eines in der Natur vorkommt, weil es nicht radioaktiv ist. Dieses Iod-127 reichert sich in der Schilddrüse von Warmblütern wie den Menschen an. Das radioaktive Iod-131 (Halbwertszeit etwa acht Tage) tut das auch. Wenn es dort konzentriert ist, schädigt es auch entsprechend das Körpergewebe durch seine Radioaktivität. (Das entspricht einem strahlenmedizinischen Verfahren der Behandlung von Schilddrüsenüberfunktion.) Sättigt man die Schilddrüse rechtzeitig mit dem harmlosen

Iod (Iodtabletten), so kann kaum noch radioaktives Iod vom Körper aufgenommen werden. Überschüssiges Iod wird vom Körper auch wieder ausgeschieden, sodass es unsinnig ist, ohne absehbare radioaktive Belastung mit Iod-131 Iodtabletten auf Vorrat zu schlucken. Schon kurz nach Fukushima waren in Kalifornien, viele Tausend Kilometer entfernt, Iodtabletten weitgehend ausverkauft. Eine sinnlose Aktion.

Aus den Brennelementen entweicht auch Cäsium, wovon das Isotop Cs-137 das radioaktiv wichtigste ist. Cäsium verhält sich chemisch ähnlich wie Kalium, ein wichtiger Bestandteil von Muskelgewebe. Das gut wasserlösliche Cäsium wird vom Körper mit der Nahrung aufgenommen, im Magen und Darm mit dem Wasser der Nahrung resorbiert und in Muskelgewebe eingelagert. Biologisch wird es nach und nach auch wieder ausgeschieden, jeweils zur Hälfte innerhalb von etwa vier Monaten. Das Cs-137 hat eine Halbwertszeit von etwa 30 Jahren. Nach 300 Jahren ist also seine Radioaktivität auf ein Tausendstel der jetzigen abgeklungen (nach 100 Jahren auf etwa ein Zehntel). Es wird die Menschen, die vor allem wegen des Cäsiums aus der Region Fukushima evakuiert werden, nicht sehr beruhigen, wenn sie erfahren, dass in hundert Jahren der Aufenthalt in den meisten Teilen der Region wieder zumutbar sein wird, in dreihundert Jahren voraussichtlich in fast allen.

Fukushima jongliert nach wie vor am Rande einer noch größeren Katastrophe, bei der erhebliche Mengen an radioaktivem Material aus einem Sicherheitsbehälter oder Brennelementen im Abklingbecken von Reaktor 4 entweichen könnten. Wenn die Kühlung auf Dauer gelingt, mag es im Laufe etlicher Jahre möglich werden, eine Abschirmung um die drei praktisch zerstörten Reaktoren zu errichten, die das Entweichen weiterer radioaktiven Ma-

terials weitgehend verhindert und außerhalb derer die Auf-
räumarbeiten bei geringerer Gefährdung durch Gammastrahlung vorangehen können. Immerhin ist – anders als
in Tschernobyl – in Fukushima bisher kein Reaktorkern in
Brand geraten. In Tschernobyl hat der heiße Aufwind des
Brandes Ruß mit radioaktiven Resten des Reaktorkerns in
die Atmosphäre getragen und dann über Osteuropa verteilt. In Fukushima können noch weitere Lecks auftreten,
die Sicherheitsbehälter und Kühlwasserrohre reißen oder
platzen, hochradioaktives Material in die nähere Umgebung verstreut werden oder ausfließen.

Reaktor 3 enthält Brennelemente aus Mischoxid (Mox),
das heißt, den Uranoxid-Pellets sind solche mit Plutoni-
umoxid beigefügt. Wenn man Brennstäbe aufarbeitet, um
unverbrauchtes Uran abzutrennen und danach wieder an-
zureichern, so trennt man andere hochradioaktive Materialien ab. Das erleichtert (weniger Volumen) eine getrennte
Endlagerung. Einige dieser Reaktionsprodukte behindern
als »Reaktorgift« aber auch die weitere Nutzung des Urans
als Kernbrennstoff. Abgetrennt wird aber auch das Element
Plutonium, ein (chemisch-biologisch) hochgiftiges Atom-
bombenmaterial (Nagasaki), das man aber auch als zusätzlichen Kernbrennstoff nutzen kann. Das Abklingbecken
von Reaktor 4 mit seinen dicht geparkten und unzureichend gekühlten Brennstäben unter freiem Himmel wird
sicherlich noch Probleme bereiten. Die meiste Radioaktivität (vom Brennstoffvorrat her mehr als in Tschernobyl)
wird aber am Ort bleiben. Löschwasser (es gab mehrere
Brände in den Reaktorgebäuden, deren Ursachen noch
nicht geklärt sind) und ausgelaufenes Kühlwasser sollen
in großen Tanks gesammelt werden. Tanks rosten – in einigen Jahrzehnten wird man voraussichtlich, wie in Hanford, »unerwarteterweise« Radioaktivität im Grundwasser

außerhalb der Tanks entdecken und eine neue Runde von Abschirm- und Sanierungsmaßnahmen einleiten müssen. Eine Ableitung des radioaktiven Abwassers ins Meer wird sich Japan auf Dauer nicht leisten können.

■ Sind Kernkraftwerke wirtschaftlich zu betreiben?

Windkraftwerke haben einen hohen Wirkungsgrad, solange der Wind nicht zu schwach und nicht zu stark weht; sie amortisieren sich in wenigen Jahren, solange der von ihnen gelieferte Strom mit Fördertarifen garantiert abgenommen wird. Wenn der Wind »falsch« oder gar nicht weht, muss was anderes den Strom liefern. Gaskraftwerke mit Kraft-Wärme-Kopplung sind sehr effizient und ziemlich sauber. Wir haben langfristige Liefergarantien für Erdgas aus Sibirien. Die politisch-wirtschaftlichen Beziehungen können sich allerdings auch ändern (wie die Ukraine 2005 zu ihrem Leidwesen erfuhr), außerdem sagen die Liefergarantien nichts über den Preis, der aus längst vergessenen wirtschaftspolitischen Gründen mal an den des Rohöls gekoppelt wurde. Im rheinischen Braunkohlenrevier versprachen die Betreiber der lokalen Kraftwerke, neue Kraftwerke mit erheblich besseren Abgasfiltern nur dann zu bauen, wenn ihnen der Abbau im Gebiet Garzweiler II genehmigt würde. Im Klartext, sie drohten damit, es andernfalls beim Weiterbetrieb ihrer alten Dreckschleudern zu belassen.

Setzt der Staat die Umweltauflagen fest und die Industrie richtet sich danach, oder bewilligt die Industrie die staatlichen Auflagen, die sie mit ihrem Geschäftsbetrieb für vereinbar hält? Alles das bringt Unwägbarkeiten mit sich, die es fast unmöglich machen, die wahren Stromerzeugungskosten existierender oder zukünftiger Kraftwerke zuverlässig abzuschätzen. In konventionellen, verbrauchernahen Kraftwerken kann die Kraft-Wärme-Kopplung die Energiebilanz, den Nutzen der hineingesteckten Energie, erheblich verbessern, in günstigen Fällen sogar fast verdoppeln. Kernkraftwerke, mit ihrem notwendigen Sicherheitsabstand von Bevölkerungszentren, liefern dagegen nur Elektrizität (und verschwenden die Abwärme).

Für meine Diskussion hier halte ich mich an nur zwei Feststellungen: Im Kohlekraftwerk stecken die Stromerzeugungskosten im Wesentlichen im Brennstoff, im Kernkraftwerk in Bau und Finanzierung.

Ein Kernreaktor ist zwar ein aufwendiges Stück Ingenieurskunst, mit teuren Materialien, die hohe Anforderungen an Zusammensetzung, Fertigungstoleranzen, Zuverlässigkeit und Haltbarkeit erfüllen müssen, mit komplexen Steuerungen und Sicherheitsvorkehrungen, aber das ist nur der sichtbare Teil der Kosten. Ein erheblicher Teil ist nicht durch die Beschaffung der Anlagenteile hervorgerufen, sondern dadurch, dass der Zusammenbau so lange dauert. Damit fallen enorme Kapitalkosten (Zinsen auf Kredite) an, schon lange bevor das Kraftwerk in Betrieb gehen kann.

Kernkraftbefürworter schimpfen natürlich zunächst mal auf die Kernkraftgegner, die durch ihre Einsprüche gegen Teile des Baubewilligungsverfahrens alles in die Länge ziehen. In der Gegenrichtung heißen die Vorwürfe, die Planung sei grob fehlerhaft und rücksichtslos, wichtige Sicherheitsmaßnahmen gegen das Austreten radioaktiver Strahlung würden vermieden oder vergessen, nicht genug für den Fall von ernsthaften Störungen vorgesorgt, es werde nicht mal rechtzeitig geplant, wie man denn im Ernstfall die Bevölkerung evakuieren könne.

Ich vermute, dass nicht jede vorgeschlagene Sicherheitsmaßnahme in einem vernünftigen Verhältnis von Aufwand und Risiko steht. Ich wundere mich aber auch, wie eine Industrie, die mit vielen Milliarden staatlicher Forschungsgelder unterstützt worden ist, politische Unterstützung bei der Ansiedlung von Kraftwerken erfährt und durch massive staatliche Deckung von Großteilen des Versicherungsrisikos befreit wurde, mit ihren vielen Experten solch eklatante Fehlleistungen produzieren konnte, die aktenkundige Bestätigungen für viele Vorwürfe der Kernkraftgegner darstellen. Das sind wohl noch Nachwirkungen der Anfangszeit, als Reaktoren als machtpolitische Hilfsmittel von öffentlicher Mitsprache ausgeschlossen waren. Die U-Boot-Fahrer hatten auch keine Mitsprache über die zumutbare Strahlenbelastung, über Evakuierungspläne und die Vermeidung von Folgeschäden.

Die deutsche Wissenschaft durfte nach dem Zweiten Weltkrieg auf Beschluss der Sieger bis etwa 1956 keine kernphysikalische Forschung betreiben. Als man der Bundesrepublik eine gewisse Souveränität zurückgab, damit sie militärisch (und finanziell) einen Beitrag zur NATO liefern konnte, verzichtete sie (nach Protesten der Öffentlichkeit und dem Göttinger Appell etlicher Nobelpreisträger) weise auf die Entwicklung von Atomwaffen und auf die Verfügung über solche. Verteidigungsminister Franz-Josef Strauß setzte aber durch, dass auch eigentlich dafür ungeeignete Flugzeuge der Bundesluftwaffe, wie der amerikanische Schönwetter-Abfangjäger *Starfighter,* zu möglichen Atomwaffenträgern umgebaut wurden. Durch die politischen Debatten gelangte ein Teil der Bevölkerung zu einer gewissen Skepsis gegen Kernkraft und Kernwaffen, während die Mittelmächte Großbritannien und Frankreich versuchten, den Nimbus von Großmächten zu erhaschen, durch Kernkraftwerke und umfangreiche atomare Bewaffnung ihrer Streitkräfte – und durch ihren Einfluss als Vetomächte im Sicherheitsrat der Vereinten Nationen. Diese atompolitischen Weichenstellungen wirken noch immer nach. Gerade in Frankreich ist die politische Grundhaltung der Bevölkerung mit dem machtpolitischen Staatsziel so eins, dass auch die schon übermäßig einseitige Ausrichtung der Elektrizitätswirtschaft auf Kernenergie und die Beibehaltung der atomaren Waffen als selbstverständliche Aspekte der Souveränität gewertet werden.

Die ersten zivilen Reaktoren wurden aus den Reaktoren abgeleitet, die für die Atomwaffenprogramme bzw. für das Militär entworfen worden waren. Die technische Entwicklung begann ja gerade erst, das waren keine technisch ausgereiften, optimierten Maschinen. → Leichtwasserreaktoren (in denen das Wasser vorwiegend zum Kühlen der Brennelemente diente, zum Beispiel in Form des »Schwimmbadreaktors« oder der neueren Bauformen → Siedewasserreaktor und Druckwasserreaktor) brauchen angereichertes Uran als Brennstoff; das band die Brennstoffkunden an Lieferanten in Ländern mit Anreicherungsanlagen (USA, Frankreich, Großbritannien). Kanada bot Schwerwasserreaktoren an; diese können mit Natururan (ohne Anreicherung) betrieben werden, brauchen aber zur Moderation (Abbremsung der bei der Spaltung freigesetzten Neutronen, damit sie mit mehr Erfolg weitere Kerne spalten können) schweres Wasser, mit dem schweren Wasserstoffisotop Deuterium, also D_2O statt H_2O. Schweres Wasser kann man aus normalem Wasser durch Anreicherung gewinnen, aber es kostet viel Energie, wie man sie etwa in Wasserkraftwerken (Norwegen, Kanada) preiswert erhält. Kanada umwarb als Kunden seiner Natururan-Reaktoren Länder, die sich nicht der politischen Abhängigkeit von Lieferanten mit Urananreicherung unterwerfen wollten, wie zum Beispiel Argentinien und Indien.

Die führenden Industrieländer bauten alle eigene Reaktoren, sie kauften nicht im Ausland – Kernkraftnutzung ist Politik. Die deutschen Kraftwerksbauer *AEG* und *Siemens* erwarben amerikanische Lizenzen (*Westinghouse* und *General Electric*). In einem so zersplitterten Markt wurden Entwicklungskosten durch Mehrfachentwicklung vergeudet, Erfahrungen nicht ausgetauscht. Nationaler Stolz verbot es zuzugeben, dass eine nationale Reaktorlinie möglicherweise Mängel hatte. Erst nach mehr als zwei Jahrzehnten, als die Energieversorgungsunternehmen neue Reaktoren einer zweiten Generation orderten, waren es plötzlich auch in Großbritannien nicht mehr nur graphitmoderierte, gasgekühlte Reaktoren, sondern auch durch Wasser moderierte und gekühlte Leichtwasserreaktoren. (Zur Erinnerung: Die bei der Kernspaltung freigesetzten Neutronen sind zu schnell; damit sie wirkungsvoll weitere Urankerne spalten können, müssen sie abgebremst – »moderiert« – werden.)

Nach dem Siechtum und Beinahe-Tod der Kernkraftindustrie in Frankreich und Deutschland – Jahrzehnte ohne Neubestellungen – einigten sich *Siemens* und *Framatome* auf einen gemeinsamen Standardtyp (EPR) für zukünftige Anlagen. 2005 schaffte es die japanische Firma *Hitachi*, in den USA einige Lizenzen zu übernehmen für einen gemeinsam mit *General Electric* geplanten (mittelgroßen) Reaktortyp, der als kompletter Reaktor vom Lieferanten in alle Welt verschickt und nach Gebrauch zurückgeholt werden soll – eine japanische Firma, die auf US-Boden damit tätig werden darf. Wieso jetzt? Man fürchtet wohl, dass sonst China den Markt allein aufrollt ... Das ist auch Wirtschaftspolitik, Machtpolitik, nicht allein die Suche nach den ingenieurmäßig und wirtschaftlich besten Lösungen, die gleichzeitig große Sicherheit bieten.

General Electric Hitachi haben einen »fortgeschrittenen« (*advanced*) Siedewasserreaktor (ABWR) im Programm, für den sie aus amerikanischer Sicht eine weltweite behördliche Freigabe haben, während in Europa (mittlerweile unter dem französischen Dach *Areva* konsolidiert) der Druckwasserreaktor (PWR, EPR) als die sicherere Lösung gilt. Spielt in dieser Einschätzung vielleicht auch eine Rolle, dass in Europa die Firma AEG, die Lizenzen von GE (also für den Siedewasserreaktor) hielt, infolge des Zusammenbruchs des nichtnuklearen Teils der Firma aus der Konkurrenz ausschied? Jeder propagiert das, was er im Angebot hat, als das Wahre ... In Japan gibt es sogar eine zweite Firma, *Toshiba,* die einen ABWR baut. Aus meiner Sicht als Physiker ist mir eine Trennung des ersten Kühlkreislaufs (Reaktor) vom zweiten (Antrieb der Turbinen im Kraftwerk), wie sie im PWR geschieht, lieber, weil die möglicherweise auftretende radioaktive Verseuchung eher auf das Reaktorgefäß beschränkt bleibt. Der Wirkungsgrad der Anlage leidet etwas unter der Trennung. In Fukushima stehen Siedewasserreaktoren, die radioaktive Brühe erreichte deshalb in der Katastrophe auch die Turbinenhäuser. Das spricht eigentlich für sich.

Die Entsorgungsrücklage ist in Deutschland im Strompreis enthalten, sie macht sich nicht im Kraftwerkspreis bemerkbar. Es dauert aber lange, etwas zu bauen, was nicht nur funktionieren soll, sondern was auch dann keinen Schaden anrichten darf, wenn entscheidende Teile versagen. Da muss man planen, eventuell Pläne ändern,

verzögern gern diesen kostspieligen Aufwand (siehe die Auseinandersetzungen zwischen den Betreibern des KKW Biblis und dem Land Hessen), bis sie unter Hinweis auf die dann nur noch geringe Restlaufzeit davon freigestellt werden wollen.

Deutsche Firmen sind an Reaktorbauten in aller Welt beteiligt, vor allem in der Regelungs- und Steuertechnik und an – wegen Eigeninteresses aus Westeuropa bezuschussten – Verbesserungen der Kontrolltechnik osteuropäischer KKW russischer Bauweise. Unter den ferneren Standorten mit deutscher Beteiligung ist auch Brasilien mit einem Reaktorpark in Angra an einer seismisch instabilen Stelle. Mittlerweile hat sich wie so viele andere Industrien die Reaktorindustrie nach Asien verlagert. Südkorea bietet in aller Welt Reaktoren an (weiterentwickelt auf der Grundlage der alten amerikanischen Lizenzen), offenbar deutlich billiger als die französisch-deutsche Konkurrenz, China baut mit hohem Tempo für den Eigenbedarf und wird sicherlich auch gerne exportieren. Nachdem China unmittelbar nach den Ereignissen von Fukushima zunächst erklärte, sein Reaktorprogramm unvermindert fortzuführen, wurden allerdings wenige Wochen später erste nachdenklichere Töne hörbar.

■ Wirkungsgrade: Abwärme und Fernwärme

Jedes Wärmekraftwerk, ob Kernkraftwerk, Kohlekraftwerk oder der (Verbrennungs-)Motor im Auto, arbeitet mit dem Temperaturunterschied zwischen etwas Heißem und der kühleren Umgebung. Ist dieser Unterschied zu klein, wird die Maschine ineffizient: Bei gleichem Aufwand lässt sich dann weniger Nutzen aus derselben Maschine ziehen (für Interessierte: Dies ist der thermodynamische Wirkungsgrad, um den kein Weg herumführt). Weil unsere Umgebung (Durchschnittstemperatur der Oberfläche des Planeten Erde) knapp 290 K warm ist, technische Apparaturen aus Metallen (Stahl, Eisen) über 1000 K an Festigkeit verlieren (weich werden), ist der Wirkungsgrad von vornherein beschränkt. In diesem Zahlenbeispiel, wenn es keine technischen Verluste gibt, ist der Wirkungsgrad nahe 70 Prozent. Wenn es draußen sehr kalt ist, ein paar Prozent mehr, bei heißem Wetter und in heißen Gegenden ein paar Prozent weniger. Mehr geht nicht, aus Prinzip (Naturgesetze und Materialeigenschaften), weniger geht allemal.

Aus vielerlei technischen Gründen liegt die Temperatur des heißen Wasserdampfes vor dem Erreichen der Turbinen in jedem Wärmekraftwerk unter 900 K (unter grob 600 °C); am Ende des Turbinensatzes darf sie nicht zu niedrig liegen, weil es sonst praktische Probleme (Kondensation) gibt; sagen wir, die Temperatur liegt dort bei 550 K (grob 280 °C). Dann liegt der thermodynamische Wirkungsgrad etwas höher als 30 Prozent. Völlig unabhängig davon, womit geheizt wird, ob Kohle, Öl, Gas, Benzin, Diesel, Holz oder Kernbrennstoff, nur etwa ein Drittel wird in mechanische Energie (Drehung der Turbinenläufer) und dann in elektrische Energie umgewandelt. Über zwei Drittel der Heizenergie gehen in die Umwelt. Das letzte Drittel folgt später auch, aber es kann zuvor nützliche Arbeit verrichten.

Zwei Drittel des Brennstoffes führen »direkt ab Werk« zur Aufheizung von Flüssen und Luft (in den Kühltürmen wird Wasser verdunstet; die weißen Wolken über Kühltürmen sind Wasserdampf, der bei kühler Umgebungsluft wieder zu Tröpfchen kondensiert – es sind wirklich künstliche Wolken). Die Diskussion um die Verbesserung des Wirkungsgrades von Kraftwerken dreht sich darum, zum einen die Betriebstemperatur durch teure Spezialmaterialien in den Turbinen (etwas) zu erhöhen; auch der Hochtemperaturreaktor zielt in diese Richtung. Ein viel größerer Gewinn winkt am anderen Ende: Wenn man den noch immer heißen Wasserdampf am Ausgang der Turbinen nicht einfach durch »die Umwelt« abkühlt, sondern auch die darin enthaltene Wärme (zum Teil) nutzt, ist ein weiteres Drittel vor der Verschwendung gerettet, der Wirkungsgrad des Kraftwerks verdoppelt.

Das ist das Geheimnis des hohen Wirkungsgrades der Kraft-Wärme-Kopplung. Schon sind wir wieder bei der Politik und dem Einfluss der großen Energieversorgungsunternehmen. Wie das? Strom lässt sich gut transportieren, Wärme nicht. Es scheint billiger zu sein, ein großes Kraftwerk zu bauen als zwei halb so große (die doppelt so viele Turbinen brauchen). Ein großes Kraftwerk (zumal ein Kernkraftwerk) will man aber nicht in Siedlungsgebiete bauen – ein Blockheizkraftwerk (das auch Strom erzeugt) gilt dagegen als mit Wohngebieten verträglich. Für ein Großkraftwerk ist es deshalb schwierig, die Wärme (mit dem entsprechenden Aufwand an Leitungsnetzen) als Fernwärme zu verkaufen, weil es in der unmittelbaren Nähe keine Abnehmer gibt.

Das extreme Gegenbeispiel stellt das Konzept dar, in Wohnhäusern Dieselmotoren zu betreiben, die für die Nachbarschaft Strom und Wärme liefern. Bei diesem Konzept wird der Brennstoff optimal ausgenutzt, aber die großen Energieversorgungsunternehmen sehen sich in solch einem System »draußen vor der Tür« – das widerspricht ihren derzeitigen Geschäftsinteressen. Zugunsten der Verlässlichkeit der Versorgung müssten auch solche Heim-kraftwerke elektrisch vernetzt werden; es wird behauptet, solch ein dezentrales Netz sei insgesamt weniger störan-fällig als das zentralisierte Netz, wie wir es jetzt haben.

In der DDR befand sich das größte Kernkraftwerk in der Nordostecke des Landes, in Lubmin. Die Abwärme wurde über 15 Kilometer Entfernung in das Fernwärmenetz von Greifswald eingespeist. Es geht also, aber ob es unter un-seren Marktbedingungen wirtschaftlich wäre, weiß ich nicht. Das KKW Lubmin mit seinen Reaktoren russischer Bauart ist längst abgeschaltet; für die Fernwärme wurden seither neue Blockheizkraftwerke errichtet.

Im ostfriesischen Wiesmoor wird seit Jahrzehnten die Abwärme eines konventionellen Kraftwerkes für die Hei-zung von Gewächshäusern und teilweise sogar Freiflächen benutzt. Diese Fußbodenheizung von Ackerbauflächen lässt Pflanzen schneller sprießen. Es läge nahe, auch die Abwärme von Kernkraftwerken in dieser Weise für umlie-gende landwirtschaftliche Betriebe zu nutzen. Die Wärme wird als warmes Wasser niedriger Temperatur durch Röh-ren im Boden transportiert, genauso wie zu Hause: Das Fernwärmenetz liefert heißes Wasser (nahe 100 °C); in ei-nem Wärmetauscher wird Wärme aus dem geschlossenen Fernwärme-Wasserkreislauf an den ebenfalls geschlosse-nen Kreislauf der Hausheizung und den offenen Wasser-vorrat der Warmwasserversorgung im Haus übergeben.

Es scheint aber ein Vorurteil zu geben, wonach das warme Wasser aus dem (dritten) Kühlkreislauf des Kern-kraftwerkes gefährlich sei. Wissenschaftlich-technisch ist diese Ansicht Unsinn. Schon der erste Kühlwasserkreis-lauf wird im Normalbetrieb nicht radioaktiv verseucht. Der zweite (dessen Wasser vom ersten getrennt bleibt) ist eingerichtet, damit die teuren Anlagen außerhalb des Reaktors in praktisch jedem Fall vor Radioaktivität bewahrt bleiben. Der dritte Kreislauf wird bei recht niedrigen Temperaturen betrieben (über Wärmetauscher zwischen zweitem und drittem Kreislauf), da gibt es keine nennenswerten technischen Belastungen oder Probleme.

Ich habe auch schon gehört, wie sich jemand dagegen aussprach, billigeren Nachtstrom zu beziehen: »Was gut ist, kostet auch!« – als ob es zwischen Elektrizität und Elektrizität Unterschiede gäbe! Das ist ein leuchtendes Beispiel dafür, wie Vorurteile und Unkenntnis den eigenen Geldbeutel belasten können. Das wirklich Schlimme in diesem Zusammenhang ist allerdings die mit billigerem Nachtstrom geförderte Unsitte elektrischer Heizungen. Elektrizität ist eine besonders wertvolle, weil in vielen Formen nützliche Energie. Bei ihrer Erzeugung wurden zwei Drittel der Energie als Heizung der Umwelt notgedrungen verschwendet – und am Schluss soll sie wieder nur heizen? Das lässt sich anders effizienter erreichen! Auch elektrische Wärmepumpen sind nach ihrer Energiebilanz unsinnig (außer für die Geschäftsinteressen der Elektrizitätslieferanten); Wärmepumpen mit einem Verbrennungsmotor (da gibt es viele Möglichkeiten, auch für die Verwendung von Brennstoffen aus der Abfallverwertung) sind dagegen nützlich.

In diesem Zusammenhang sei auf die Bücher von Klaus Traube hingewiesen, der dies alles schon vor Jahrzehnten vorgerechnet hat. An grundlegenden wissenschaftlich-technischen Zusammenhängen ändert sich nichts ...

Also, im Fernwärmenetz läuft Wasser um, das in der Regel entsalzt wurde, damit die Rohre und Ventile länger halten. Dieses Wasser kommt mit der ursprünglichen (radioaktiven) Wärmequelle nicht in Kontakt, nirgends. Da wir schon mal bei den Mythen sind: Vor Jahren habe ich mich auch noch gegen die Verwendung von Mikrowellengeräten im Haushalt gewehrt. Inzwischen weiß ich sie für bestimmte Anwendungen zu schätzen, nachdem ich mir überlegt habe, was sie eigentlich tun (und was alles nicht).

Mikrowellen sind elektromagnetische Wellen wie das sichtbare Licht und wie Röntgen- und Gammastrahlung, aber von viel, viel geringerer Energie, im Bereich zwischen Wärmestrahlung und (Fernseh-)Radiowellen. Mikrowellen werden in einem *Klystron* erzeugt, einem kleinen Gerät, in dem Pakete vieler Elektronen wie die Luft in einer Orgelpfeife Schwingungen anregen. Die ersten Klystrons wurden im Zweiten Weltkrieg für die Sender in Radargeräten entwickelt, die Frequenzen (2,45 GHz) und Wellenlängen (etwa 8 cm) unserer Haushalts-Mikrowellen sind ähnlich wie die einiger der ersten Radargeräte der Alliierten (Kriegstechnik und Haushaltstechnik ...). Mikrowellen gehören nicht zur ionisierenden Strahlung (obwohl Wissenschaftler unter enormem Aufwand auch damit schon einzelne Atome ionisiert haben); Radartechniker haben jahrzehntelang dennoch Schäden, besonders an den Augen, davongetragen, die erst spät als Gesundheitsschäden am Arbeitsplatz anerkannt wurden.

Mikrowellen mit ihren schnell sich ändernden elektrischen und magnetischen Feldern können Elektronen zum Mitschwingen anregen, Elektronen, die sich in bestimmten Materialien relativ frei bewegen können. Nur unter ganz bestimmten Bedingungen passt die Schwingung der Elektronen im Material zu der Frequenz der Mikrowelle, und nur dann wird viel Energie aus den Mikrowellen auf die Elektronen übertragen. Die Elektronen stoßen Atome im Material an, diese geraten also in etwas mehr Bewegung. Von außen her stellen wir dann fest, dass das Material wärmer wird.

In sehr starken Mikrowellenfeldern (nahe am Sender einer Radaranlage) kann der eigentlich sehr schwache Effekt stark genug sein, dass bestimmte Eiweiße in Körperzellen denaturieren, also ihre biologische Funktionsfähigkeit verlieren. Das fällt meist gar nicht auf, es sei denn, die Eiweiße befinden sich im Auge und die denaturierten Eiweiße trüben den Glaskörper des Auges oder bewirken »Katarakte«. Das ist in der Tat das deutlichste Zeichen dieser Berufskrankheit, ausgelöst durch Reparaturen an laufenden Hochleistungs-Mikrowellensendern und durch den Aufenthalt nahe unzureichend abgeschirmten Sendeanlagen.

Der Innenraum des Mikrowellengerätes in der Küche ist ringsum von einem Metallnetz umgeben, das praktisch keine Mikrowellenstrahlung durchlässt; es darf nur bei geschlossener Gerätetür zu betreiben sein. Die Leistung des Klystrons in solch einem Küchengerät ist viele Hundert oder Tausend Mal geringer als die eines Radargerätes. Wie kann das Gerät noch nützen, wenn es so schwach angelegt ist?

Die Frequenz des Senders ist so gewählt, dass sie zu Elektronen in Wasser passt. Wenn man also etwas Trockenes in »die Mikrowelle« legt, passiert damit nicht viel. Wasser in einem Kaffeebecher wird dagegen effizient erwärmt, ohne erst einen Ofen oder eine Herdplatte mit erwärmen zu müssen. Fast alle Lebensmittel enthalten Wasser (wie auch unsere Körperzellen), das Erhitzen geht also prima. Die Sachen in der Mikrowelle werden nicht angebräunt, weil dazu Verkohlungsvorgänge an der Oberfläche (im Kontakt mit einer heißen Bratpfanne) nötig sind; es ist eine Art Garen im internen Wasserbad. Auch Knusprigkeit (Brot im Backofen) erfordert höhere Temperaturen als die eines Wasserbades – das geht nicht in der Mikrowelle.

Im Mikrowellenofen ist das Feld in der Mitte am stärksten, die Hitze fängt also auch in der Mitte an, nicht – wie auf dem konventionellen Küchenherd – außen. Da kann der Wasserdampf die Quiche von innen her zerstieben lassen, die Suppe mit riesigen Gasblasen über das Geräteinnere verteilen oder ein Frühstücksei explodieren lassen. Es ist alles eine Sache der Dosierung und der angemessenen oder unangemessenen Anwendung von Mikrowellen. Und wenn ein Metallnetz die Mikrowellen am Entkommen hindert, da sollte es nicht überraschen, dass Metall (Besteck, Töpfe) innerhalb des Gerätes nichts zu suchen hat: Es reflektiert einen Teil der Mikrowellenstrahlung, der Rest der Strahlung heizt das Metall auf – au, heiß!

Lässt sich eine mittels Mikrowelle wieder aufgewärmte Suppe wissenschaftlich von einer unterscheiden, die im Topf auf dem Herd wieder aufgewärmt wurde? Kaum. Letztere konnte im Topf ansetzen, wenn der Herd zu hoch eingestellt wurde. Ob offenes Feuer am Höhleneingang, Kohlen-, Gas- oder Elektroherd oder Mikrowellengerät – die Art der Energiezufuhr ist im fertigen Kaffee nicht mehr zu unterscheiden.

Strom oder Fernwärme aus verschiedenen Kraftwerkstypen sind nicht unterscheidbar. Man mag aus diesem oder jenem Grund (Art und Weise der Stromerzeugung und Wärmelieferung, die mit den Kraftwerkstypen zusammenhängen) bestimmte Lieferanten oder Geräte bevorzugen, aber die Produkte Strom, Fernwärme und Warmwasser sind nicht radioaktiv. Wer Ökostrom kauft, bekommt Strom aus dem Netz. Bezahlt wird dafür, dass irgendwer Strom erzeugt (auf mehr oder minder umweltschädliche Weise) und ihn in das Netz einspeist und dass dieser Strom irgendwohin transportiert wird. Alle schütten etwas in den großen Suppentopf, aus dem dann alle Verbrau-

cher löffeln – da ist die spezielle Zutat Ihres Lieblingsko-
ches nicht mehr herauszuschmecken. Aber es tut gut zu
wissen, dass er dabei war. Und in Zukunft darf er mehr
kochen.

■ Sicherheit ist relativ

Dem amerikanischen Multitalent Benjamin Franklin
(1706–1790) wird die Aussage zugeschrieben, sicher seien
einzig »der Tod und die Steuern«. Das Erstere ist biologisch bedingt, das Letztere eine Folge des gesellschaftli-
chen Zusammenschlusses: Ganz allein können manche
Menschen zwar für eine Weile leben, aber sie sterben
aus – das echte Einsiedlerdasein ist keine Dauerlösung für
uns alle.

Was sonst ist sicher? Die Wissenschaften versuchen,
es herauszufinden. Dazu überlegen sich Naturwissen-
schaftler Experimente. Sie legen Versuchsbedingungen
fest und sehen nach, ob das Ergebnis ihren Erwartungen
entspricht. So entwickeln sie Annahmen über Zusammenhänge, diskutieren sie mit Kollegen, streiten über die
richtige Interpretation der Versuchsergebnisse, versuchen
Naturgesetze zu erkennen. Schon zum Erkennen von Re-
gelmäßigkeiten ist es notwendig, Beobachtungen und Experimente zu wiederholen. Um sich eines Experimentes
sicher zu sein, sollte es jemand anders wiederholen können: Man muss es also so genau beschreiben, dass es ein
anderer auch durchführen kann. Wenn dann nicht dasselbe Ergebnis eintritt, war die Beschreibung wohl nicht
vollständig – dann waren auch die Schlussfolgerungen aus
dem Versuch voreilig. Wenn etwas nur einmal geschieht

und nie wieder, ist es unmöglich, es wissenschaftlich vollständig zu analysieren. Es mag ein Wunder gewesen sein – wenn es mehrfach geschieht, kann es vermutlich wissenschaftlich untersucht werden und wird sich dann als »kein Wunder« herausstellen. Wissenschaft fordert Überprüfbarkeit; die Überprüfung muss auch durch andere Personen möglich sein.

Auch wenn ein Experimentator einen Versuch mehrfach wiederholt, gibt es bisweilen Unterschiede bei den Ergebnissen. Es ist dann die Kunst des Experimentators, in weiteren Versuchen herauszufinden, welche Einflüsse für die Unterschiede verantwortlich zu machen sind, ob sie wesentlich oder unwesentlich sind. Es gibt immer kleine Schwankungen beim Einstellen von Apparaturen oder beim Ablesen von Instrumenten; diese statistischen Fehler lernt ein Wissenschaftler zu erkennen und mit geeigneten statistischen Methoden zu bewerten. Außerdem gibt es systematische Fehler, die mit den Eigenheiten von Messverfahren zusammenhängen: Wer mit dem Maßband den eigenen Halsumfang für die eigene Kragenweite misst, lässt vielleicht das Maßband locker, damit er Luft bekommt, atmet aber für die Messung der Taillenweite aus Eitelkeit aus. Wer Meterware verkauft, hat mit einem zu kurzen Maßband Vorteile, wer einkauft, mit einem zu langen. Die Wissenschaftler versuchen, solche Messfehler in den Messverfahren zu entdecken; die Normung von Maßen und Messverfahren in Industrie und Handel (bei uns durch die Physikalisch-Technische Bundesanstalt überwacht) dient dem Interessenausgleich zwischen Lieferanten und Kunden.

Haben nun Wissenschaftler genügend viele Gesetzmäßigkeiten in der Natur erkannt, so werden sie oft auch in technischen Geräten genutzt, wobei zu deren Entwurf und Anfertigung in der Regel Techniker und Ingenieure wichtig sind, die wissen, wie eine praktische, auf Dauer funktionsfähige Maschine anzulegen ist, deren Grundprinzipien von anderen ermittelt worden sein mögen. Die Physik und Chemie eines Autos zu verstehen ist etwas völlig anderes, als ein brauchbares, erschwingliches Auto zu bauen. Der Kunde soll das Produkt kaufen und erwartet zum Beispiel, sein neues Auto zehn Jahre lang und 200 000 Kilometer weit fahren zu können. Das Automodell wurde seit mehreren Jahren geplant, das neue Auto ist – nun ja, neu. Woher bezieht der Autoverkäufer die Zuversicht, die er dem zukünftigen Käufer vermitteln muss, dass das Auto diese Erwartung (und viele andere) erfüllen wird? Niemand weiß es »mit Sicherheit«.

Viele Teile des Autos sind genauso gebaut wie beim Vorgängermodell. Da erwartet man, dass sie genauso lange halten – aber man weiß es nicht: Die Stahlsorte mag sich geändert haben, das Design mag zwar minimal, aber für die Langlebigkeit entscheidend verändert worden sein, oder die Montage wird nicht mehr von erfahrenen Kräften, sondern von einer weniger fähigen Hilfskraft erledigt, die vielleicht nur einen Teil der Anleitung verstanden hat. Die Hersteller überprüfen Komponenten und Baugruppen, sie versuchen abzuschätzen, ob ein Bauteil 10 Jahre ohne Durchrosten oder ein Fensterheber soundso viele Bedienungen oder ein Radlager soundso viele Kilometer bei dem und dem Tempo und der und der Bodenbeschaffenheit durchhält. Auch das zusammengebaute Auto wird unter verschiedensten Klimabedingungen getestet, ob es überhaupt funktioniert und ob man erkennen kann, wie es altert.

Wenn das Ergebnis all diesen teuren Aufwandes ein Auto ist, das sehr haltbar ist, hilft das dem Ruf der Au-

len dadurch, dass Umstände zusammentreffen, die sich niemand in dieser Kombination vorher vorstellen konnte.

Es gibt in der Technik keine absolute Sicherheit; wir können nur in Richtung hoher Sicherheit arbeiten und uns um die Eingrenzung der Folgen, sollte es zur Katastrophe kommen, bemühen. Diese Folgen können in der Kerntechnik enorm schwerwiegend sein. Die Ukraine nördlich von Kiew war viel dünner besiedelt, als es praktisch alle Teile Mitteleuropas sind, und dennoch mussten Hunderttausende evakuiert werden, damit es nicht zu schweren Strahlenschäden bei Zehntausenden käme. Man kann sich, zwanzig Jahre danach, in der Region wieder aufhalten, wenn man die Absperrungen umgeht und der behördlichen Überwachung ausweicht. Dann nimmt man aber auch erhebliche Gesundheitsrisiken auf sich, denn die Gegend ist nach wie vor stark verstrahlt, mit Resten des radioaktiven Niederschlags aus der Brandwolke des Reaktors. Radioaktivität sieht, hört, fühlt, riecht und schmeckt man nicht – aber auf ihre statistische Weise kann sie das Leben beeinträchtigen und sogar töten. Alle Infrastruktur in den betroffenen Regionen der Ukraine und Weißrusslands ist praktisch verloren, aller Privatbesitz wertlos, ein Teil des Landes nur auf der Landkarte noch vorhanden. Das kann keine Risikoabschätzung angemessen beschreiben.

In China fordert eine Regel einen Mindestabstand von 30 Kilometer zwischen neuen Kernkraftwerken und größeren Städten, wegen der absehbaren Evakuierungszone im Falle einer Reaktorpanne. Fukushima unterstreicht diese Abschätzung, örtlich und vorübergehend sind auch weiter als 30 Kilometer vom Kernkraftwerk entfernt beträchtliche Strahlenbelastungen gemessen worden. Wo in Deutschland könnten Kernkraftwerke in solchem Abstand von allen Mittelstädten gebaut werden, wobei mit dem Wind radioaktives Material schnell auch über größere Entfernungen transportiert werden könnte? Rechnen wir für jeden Evakuierten, der allen Besitz am Wohnort aufgeben müsste, mit einer Entschädigung von € 100 000 (das reicht nicht weit ...), dann kosten eine Million Vertriebene 100 Milliarden Euro, zuzüglich Handel und Industrie, Verlusten an Infrastruktur, Fernstraßen, Versorgungsleitungen, Stromnetz usw. Eine plötzliche Menschenverlagerung, wie sie sich nach der Wiedervereinigung über Jahre entwickelte, müsste in wenigen Tagen bewältigt werden. Nicht unmöglich, aber tief einschneidend wie ein Krieg.

■ Auf der Suche nach dem Fusionskraftwerk

Die Sonne ist ein Fusionskraftwerk; sie setzt dadurch Energie frei, dass Wasserstoffkerne zu Heliumkernen verschmelzen (fusionieren). Die Wasserstoffbombe nutzt dasselbe Prinzip. Seit mehr als 50 Jahren wird uns erzählt, in Zukunft würden wir unbegrenzt saubere Energie aus Fusionskraftwerken beziehen. Sauber im Sinne von »ohne Dreck, ohne Radioaktivität«.

Unter Laborbedingungen scheint die Fusion von Deuterium (das schwere Isotop des Wasserstoffs mit einem Neutron) und Tritium (das schwere Isotop des Wasserstoffs mit zwei Neutronen) am ehesten erreichbar zu sein. Die Teilchen müssen lange genug (Zeit), unter genügend hohem Druck (Dichte) und bei genügend hoher Bewegungsenergie (Temperatur) aufbewahrt werden (Lawson-Kriterium), damit durch Zufall zwischen irgendwelchen davon die Fusionsreaktion erfolgt. Einzeln sind die Bedingungen alle schon erfüllt worden, das technische Problem liegt darin, sie alle drei gleichzeitig zu erfüllen. 17,6 MeV beträgt der Energiegewinn. Deuterium (aus dem Urknall) ist zwar nur zu einem Hundertstel Prozent im Meerwasser vorhanden, aber davon gibt es so viel, dass die Deuteriumvorräte praktisch unerschöpflich sind. Tritium gibt es zwar nur, wenn wir es künstlich erzeugen, denn es zerfällt schnell. Aber dafür gibt es Mittel und Wege. Saubere Energie im Überfluss. Klingt großartig.

In dieser D-T-Fusion entstehen ein Alphateilchen mit einer Bewegungsenergie von 3,5 MeV und ein Neutron mit 14,1 MeV. Das Alphateilchen bleibt im Gas und hilft, es weiter aufzuheizen. Das Neutron stellt energiereiche radioaktive Strahlung dar (hieß es nicht »saubere Energie«?) und bekommt den größten Teil der Energie, es rast in die Wand des Fusionsreaktors und aktiviert sie (macht sie radioaktiv), macht darüber hinaus den Stahl spröde. Man sucht schon lange nach einem Material, das genügend lange stabil bleibt, während es von einer Unmenge energiereicher Neutronen wie in einem Reaktor bombardiert wird. Es ist noch nicht gefunden. Zugleich soll das Reaktormaterial seine Radioaktivität schnell verlieren, damit man gegebenenfalls Reparaturen überhaupt vornehmen kann. Solange das Reaktorgefäß zu sehr selbst strahlt, kann man selbst Reparaturroboter nicht hinschicken, weil deren Elektronik unter dem Strahlenbombardement versagen würde (und sie selbst radioaktiv verseucht würden). Schnell abklingen heißt, vielleicht sinkt die Radioaktivität innerhalb eines halben Jahres weit genug ab ...

Das Reaktorgefäß ist ein Stahlbau in der Form eines Autoreifens, allerdings sechs bis zehn Meter dick, umgeben von riesigen Transformatorspulen und Hilfsgeräten. Wo im Autoreifen Luft ist, wird hier alles ausgepumpt, denn außer Deuterium und Tritium darf da nichts mehr drin sein, sonst wird zu viel Heizenergie vergeudet. Ja, dieses Kraftwerk muss man heizen, das Gas darin muss auf etliche Millionen Grad erhitzt werden (Temperatur), darf aber nicht die Wände berühren, denn die würden das nicht aushalten. Also brauchen wir starke Magnetfelder, um das heiße Plasma (bei diesen Temperaturen sind viele Atome in Elektronen und Kerne getrennt) ohne Wände unter Druck zusammenzuhalten (Dichte). Solch starke Magnetfelder können wir aber (noch?) nicht auf Dauer (Zeit) erzeugen, immerhin gibt es einen deutlichen Fortschritt von Sekunden zu Minuten; das derzeitige Zwischenziel sind 20 Minuten.

Es gibt Überlegungen, wie man die Neutronen nutzt, um im Reaktor selbst Tritium zu erzeugen, wie man die Magnetfelder eines Tokamak-Reaktors trickreich so verformt (Stellarator), dass das Plasma länger brennt, wie man das Plasma sauberer anfangen lässt (tiefgekühlte Wände), mit stärkeren Magnetfeldern (supraleitende Magnete), wie man die freigesetzte Energie überhaupt abführt.

Ja, das Prinzip funktioniert. Im Bereich einiger → Megawatt Leistung haben schon zwei Maschinen (das europäische Experiment JET in Culham, England, und das amerikanische TFTR in Princeton, New Jersey) gezeigt, dass per Kernfusion mehr Energie freigesetzt werden konnte, als zum Aufheizen des Plasmas vorher hineingesteckt wurde (*scientific break-even*). Das ist noch nicht so viel, wie zum Betrieb der Maschine insgesamt aufgewendet wird (*engineering break-even*), und noch lange nicht so viel, wie der Bau, die Finanzierung und der Betrieb zusammen verbrauchen (*economic break-even*) – erst jenseits der wirtschaftlichen Gewinnschwelle wird das eine industriell nutzbare Anlage.

Frisch im Bau ist in Südfrankreich, in internationaler Zusammenarbeit, der Forschungsaufbau ITER, für etwa 10 Milliarden Euro. Er soll nach Möglichkeit die Energiegewinnschwelle der technischen Anlage erreichen, ein späterer (größerer, teuerer) Tokamak DEMO soll anschließend zeigen, wie ein echtes Kraftwerk aussehen könnte (ohne schon ein solches zu sein). Danach, so hofft man, werde der Weg klar sein und die Industrie übernehmen. Bis dahin, für die nächsten wenigstens dreißig Jahre, ist das Projekt vollständig auf (internationale) staatliche Förderung angewiesen.

In dieser Zeit will man auch herausfinden, ob Tokamak, Stellarator, Spheromak, Trägheitsfusion (unter Laserstrahlung) oder etwas überhaupt ganz anderes die besten Aussichten für ein zukünftiges Fusionskraftwerk bietet. Wie lange halten die Wände durch, wann muss man (schon nach einem halben Jahr?) den Reaktor abschalten, die Radioaktivität abklingen lassen, die inneren Wände austauschen? Braucht man dann Gruppen von vier oder fünf Reaktoren, von denen reihum immer nur einer in Betrieb ist, während die anderen abklingen und repariert werden? Wohin mit dem Strahlenmüll, den vielen Hundert Tonnen Stahl der alten Reaktorwände? Auf dem Papier gibt es viele Konzepte; sie in Wirklichkeit umzusetzen und zu erproben, kostet viel Geld und viel Zeit. So viel Geld könnte nur auf Kosten anderer Interessen der Menschheit abgezwackt werden – ist es das wert?

Die Plasmaforschung ist eine intellektuelle Herausforderung mit vielen industriell nützlichen Anwendungen. Die Fusionsforschung erscheint wichtig, solange man hofft, dass sie eines Tages ihr großes Versprechen von »reichlich Energie für die Menschheit« einlösen kann. Ob sie das kann, und zu welchem Preis, bleibt abzuwarten.

Nach dem derzeitigen Stand der wissenschaftlichen Einsicht ist diese technische Energiequelle keineswegs frei von Radioaktivität, keineswegs »sauber«.

Es gibt in unserer Umwelt schon einen funktionierenden Fusionsreaktor, der zeigt, in welcher Größenordnung man wohl zu denken hat. Dieser Fusionsofen versorgt die ganze Erde, er verweist mit seiner enormen Leistung aber auch auf den notwendigen Abstand, der angesichts der intensiven Strahlung einzuhalten ist. Wir nennen ihn Sonne.

Radioaktivität kann nutzen und schaden

Radioaktivität ist ein natürlicher Prozess. Auch Gifte (in Schlangen, Fröschen, Spinnen, Insekten, Quallen, Pilzen, Pflanzen, Mikroben ...) kommen in der Natur vor, sind in kleinen Dosen sogar manchmal Bestandteile von Arzneimitteln. Die Giftstoffe der Großchemie (darunter Ackergifte / Pflanzenschutzmittel) sind teils Endprodukt, teils Zwischenprodukt auf dem Weg zu harmlosen Materialien. Bei Unfällen mit Kunstdüngerhalden sind durch große Explosionen schon mehrfach Hunderte umgekommen. Wir sind umgeben von Gefahrstoffen. Obwohl immer wieder Menschen durch unsachgemäßen Umgang mit Gefahrstoffen verletzt oder gar getötet werden, steigt im Mittel unsere Lebenserwartung seit Jahrzehnten an. In den Teilen der Welt, in denen der Bildungsstand hinreichend hoch, die Ausbildung der mit Gefahrstoffen Hantierenden solide und die Bereitschaft, auch kostenträchtige Sicherheitsmaßnahmen einzugehen, vorhanden ist, kann der Umgang mit radioaktiven Materialien in Forschung, Medizin und Technik großen Nutzen mit sich bringen. Gleichzeitig kann das Risiko der Strahlenbelastung von Unbeteiligten gering gehalten werden.

Pannen kann es natürlich immer geben, gerade bei sehr komplexen technischen Apparaturen und dort, wo Menschen unter Zeit- und Kostendruck an Sicherheitsmaßnahmen sparen oder wo aus Langeweile (Routinebetrieb) die Aufmerksamkeit nachlässt. Ein übermüdeter oder abgelenkter Autofahrer gefährdet sich und relativ wenige andere; ein Operateur einer technischen Großanlage, der auf Nachtschicht eine Fehlentscheidung trifft, mag in einer Raffinerie oder Chemieanlage Dutzende oder Tausende gefährden, in einem Kernkraftwerk im Extremfall sogar noch mehr. Deshalb gibt es die enorm aufwendigen und kostenträchtigen Sicherheitsvorkehrungen (die manchmal durch einen simplen Blitzschlag und seine Folgen außer Funktion gesetzt werden: KKW Forsmark im Sommer 2006).

Bis zum Unfall gilt Sicherheit als teuer; nach einem Unfall findet man aber häufig, dass etwas mehr Aufwand hier oder da doch billiger gewesen wäre als die Unfallfolgen. Jedes neue Auto hat seine Airbags – zum Glück wird nicht jedes Auto sie im Laufe seines Lebens wirklich aufblasen müssen. Statten wir jedes Auto mit allen Raffinessen der Sicherheitstechnik aus, dann wird es so schwer und teuer, dass wir weder den Erwerb noch den Gebrauch bezahlen können. Wir schließen fortwährend Kompromisse, auch im Bereich der Sicherheit, auch im Umgang mit Radioaktivität.

Die Strahlenschutzverordnung fordert, dass die Strahlenbelastung unbeteiligter Personen durch technische Anlagen, die mit radioaktiven Stoffen arbeiten oder ionisierende Strahlung erzeugen, unter dem bleibt, was im Landesmittel an Untergrundstrahlung auftritt. Eine ordnungsgemäß betriebene Anlage darf sich demnach nicht einmal statistisch erkennbar (im Einzelfall sowieso nicht) auf den Gesundheitszustand der Bevölkerung nachteilig auswirken. Für Leute, die an solchen Anlagen arbeiten – auch für das Putzpersonal! –, gelten höhere Grenzwerte. Das ist nicht so gemeint, dass diese Leute mehr Strahlung vertragen; sie werden mit Strahlenmessgeräten überwacht, und eine Strahlendosis wie die der Untergrundstrahlung lässt sich im Einzelfall nicht zuverlässig messen. An technischen Anlagen kann die Strahlenbelastung deutlich höher liegen und ist dann auch messbar. Die Mitarbeiter halten sich aber nicht rund um die Uhr im Gefahrenbereich auf, sie haben wöchentliche Arbeitszeiten und Urlaub; man kann deshalb abschätzen, welcher Strahlenpegel während der gesamten Arbeitszeit oder für eine Stunde oder notfalls für einige Minuten akzeptiert werden kann, ohne dass auf das Jahr umgerechnet sich eine Strahlenbelastung ergibt, bei der man über 10 oder 20 Jahre mit einem merklichen Erkrankungsrisiko rechnen müsste.

Das ist eine weiche Formulierung, denn es gibt hier keine Möglichkeit, aus wissenschaftlichen Erkenntnissen einen festen Wert für eine Schranke abzuleiten, oberhalb derer Gefahr herrscht und unterhalb derer alles sicher ist. Man hat es mit statistischen Wahrscheinlichkeiten und Risiken zu tun, die im Verhältnis zu den natürlich auftretenden (selbst nicht genau festlegbaren) Häufigkeiten klein bleiben sollen. Man wählt also einen Bereich und ist sich bewusst, dass durch bessere Einsicht und veränderte gesellschaftliche Wahrnehmung die Empfehlung sich auch ändern mag.

In der Tat wurden die zulässigen Grenzwerte in den Jahrzehnten nach dem Zweiten Weltkrieg, also im Atomzeitalter, mehrfach deutlich herabgesetzt. Die einen sagen, dass die Werte zuvor unverantwortlich hoch lagen, die anderen meinen, dank verbesserter Messtechnik und Betriebstechnik könne man mittlerweile mit weniger Strahlenbelastung der Umwelt dieselben positiven Ergebnisse erzielen. Ich neige zum Mittelweg und der Annahme, dass man zunächst aus dem Blauen heraus etwas abgeschätzt und im Laufe der Zeit begriffen hat, dass solche Vorgaben besser auf der Seite der Vorsicht übertreiben sollten als auf der eines naiven Optimismus.

Die Grenzwerte für die Strahlenbelastung von »berufsbedingt der Strahlung ausgesetztem Personal« (Operateure an Kernreaktoren, Techniker in Forschungseinrichtungen, Mitarbeiter in der Medizin) sind nicht nur eine Schutzvorschrift aus Sorge um das Personal. Ein Arbeitgeber, der es riskiert, dass seine Leute den Strahlenbelastungs-Grenzwerten auch nur nahe kommen, läuft Gefahr, sie anschließend nicht länger am Arbeitsplatz einsetzen zu können, weil sie erst wieder lange genug (bezahlt) Zeit strahlenfrei verbringen müssen. Das kann teuer werden, denn Ersatzpersonal muss ausgebildet, trainiert und auch bezahlt werden. In diesem Licht sind allerdings auch die Vorwürfe zu sehen, dass Kernkraftwerksbetreiber auf dubiosen Wegen Putzkolonnen angeheuert haben sollen, die ohne angemessene Strahlenüberwachung (und ohne Hinweis auf die Radioaktivität!) nach kleineren Pannen mit Radioaktivität aufwischen sollten. Das eigene Personal, für das Strahlenschutzakten geführt werden müssen, sollte so wohl geschont werden.

Der menschliche Faktor ist im Umgang mit Radioaktivität sehr wichtig. Ich halte ihn für erheblich weitreichender, als meist angenommen wird. Menschen geben Kapital für den Bau von Kernkraftwerken und erwarten dafür eine angemessene Verzinsung. Der Gewinn fällt höher aus, wenn man Kosten einspart. Aus dem Apollo-Mondfahrtprogramm der Amerikaner ist die Anekdote überliefert, wie jemandem auffällt, dass nicht die beste Technik verwendet wird, sondern das niedrigste Angebot der Lieferfirmen zum Zuge kommt. Das ist in der Kernkraftindustrie nicht anders. Es wird berichtet, dass es in KKW zwar verboten ist, etwa angesammeltes Tritium durch Entlüften des Reaktorgebäudes loszuwerden, dass aber eifriges Personal intelligent genug ist, eigentlich eingebaute Sperren zu umgehen und diesen Regelverstoß dann auch nicht zu protokollieren. Unfälle in der physikalischen Forschung sind selten, aber solch ein Verhalten des Umgehens von Sperren ist da gar nicht so selten, »weil man ja (angeblich) genau weiß, was man tut«.

Im Ruhrgebiet wurde die Luftqualität im Laufe der Jahre durch technische Maßnahmen erheblich besser. Es gab auch eine Überwachung, die kaum Verstöße feststellte. Man munkelte aber, dass nach Anbruch der Dunkelheit, wenn die Überwachung den Emissionsort verdächtiger Rauchwolken nicht mehr feststellen konnte, manch unerlaubter Dreck rausgepustet wurde. Illegale Mülltransporte, illegale Giftmüllverklappung, illegale Deponien – sollten solche Regelverstöße auf die nichtnukleare Industrie begrenzt sein? Tschernobyl entstand aus einer Kette von Bedienungsfehlern. In einer japanischen Anlage kippte ein Arbeiter zu viel radioaktives Material in einen Eimer, sodass es überhitzte, umherspritzte und das Labor verseuchte. Unterausgebildetes Personal mag kurzfristig billiger erscheinen, die langfristigen Folgen können teuer werden.

Mehrmals stießen die Geologen beim Erkunden des Salzstocks von Gorleben auf Wasser, was unmittelbar den Anforderungen eines trockenen Lagers widerspricht – die Erkundung geht auf politische Anordnung hin weiter. In der Asse saufen Lagerkammern für radioaktiven Müll ab – erst Jahre nach der Feststellung des Problems beginnt die Politik, es wahrzunehmen und eine teure Umlagerung und Reparatur anzusteuern; vielleicht wäre eine Aufgabe des Projektes sinnvoll?

Kriminelles Verhalten gibt es überall. Schlachtabfälle

aktivem Material. So schlimm einiges davon im Einzelfall und lokal auch sein mag – mit mehr Sachkenntnis und Augenmaß würde nicht unangemessen heiße Luft produziert, die den Zuschauer gegen wirklich umfängliche Missstände anderswo abstumpft. Mit schon recht geringer Sachkenntnis lässt sich oft erkennen, wo mehr Meinungsmache als Information betrieben wird und wo verharmlost wird, anstatt angemessen vorsichtig zu sein.

Ein ordnungsgemäß betriebenes Kernkraftwerk bringt seiner Umgebung keine nennenswerte Strahlenbelastung – der Brennstoffkreislauf vom Schürfen des Uranerzes bis zur Vorbereitung der Brennstäbe sowie die Entsorgung und Endlagerung der Brennstäbe bergen dagegen eine Menge von Problemen. Radioaktivität wird beim Betrieb von Kohlekraftwerken über den Schornstein freigesetzt und auch durch Staubfilter nur zum Teil zurückgehalten. Schon der Kohlebergbau birgt Gefahren für die Bergleute und bedeutet eine große Umweltbelastung; ein falsch bedientes Kohlekraftwerk stellt aber kein katastrophales Risiko für weite Landstriche dar. Den verschiedenen Gefahren muss man unterschiedlich vorbeugen – das geht nur, wenn man sich der Gefahren, jeder in ihrer besonderen Art, bewusst ist.

Angeblich regelt der Markt alles. Die seit Jahrzehnten (in den Berechnungen der Kernkraftwerksbetreiber) vorhergesagten Preissteigerungen für Kohle haben die Kohle in der Realität noch nicht aus dem Rennen geworfen. China nutzt seine riesigen Kohlelagerstätten, Australien exportiert Kohle nach Europa, zu einem Bruchteil des Preises, den die Förderung deutscher Steinkohle kostet. Der ach so billige Kernbrennstoff hat die hohen Kosten für Kernkraftwerke (zum großen Teil Kapitalkosten, weil sehr langwierige Bauarbeiten anfallen, bevor das Werk in Betrieb gehen kann) über Jahrzehnte nicht auffangen können; die Wirtschaft hofft darauf, dass der Staat, der die Kraftwerksentwicklung schon ausgiebig gefördert hat, der das Versicherungsrisiko im Katastrophenfall zum großen Teil trägt und der auch viel Geld in die Vorbereitung der Endlagerung steckt, sich auch weiterhin aus Steuermitteln spendabel zeigt – ist es das, was die Kernkraft angeblich so konkurrenzfähig macht? Staatliche Subventionen am Markt vorbei?

Sind es nicht doch die vielfältigen Risiken in Betrieb und Endlagerung der verbrauchten Brennelemente, die vielerlei teure Ingenieurlösungen erfordern, die den »Fortschritt« noch immer aufhalten? Sicher, Physiker und Ingenieure haben etliche Vorschläge, wie der Umfang des endzulagernden Materials vermindert werden kann, etwa durch Nachbehandlung in Schnellen Brütern oder durch Beschuss mit energiereichen Ionen, die die Radioaktivität vorübergehend erhöhen, damit der Rest danach besser beherrschbar wird – schon die Forschung dafür kostet sehr viel Geld. Jeder nimmt gern Geld vom Staat. Vielleicht ist der zukunftsweisende Weg ja sogar schon gefunden worden und muss nur noch als solcher sicher erkannt werden? Billig zu haben ist keiner der bisher durchdachten Wege. Der inzwischen diskutierte CO_2-Zuschlag wird die Nutzung von Kohle in europäischen Kraftwerken verteuern und lässt Kernenergiebefürworter vorpreschen – ein merkwürdiger Wettstreit unter dem Motto »Die andern sind ja (noch) viel schädlicher als wir!«.

Radioaktivität wird die Menschheit weiter begleiten, aus natürlichen Quellen, in der Medizin, aus kerntechnischen Anlagen und Atomwaffen. Hoffentlich überwiegt der Nutzen den Schaden.

Ich hoffe, Sie fanden diesen Text verständlich genug und sind auf hinreichend viele Themen gestoßen, die Sie interessieren und Ihnen Diskussionsstoff bieten. Ich habe beim Schreiben und Darüberreden auch noch einiges dazugelernt. Diejenigen unter den Probelesern, die Kritik übten, hatten ganz verschiedene Bereiche im Sinn, über die ich dann noch mal nachgedacht habe. Besonders interessant fand ich von einzelnen meiner Probeleser Kommentare, Anmerkungen und Vorwürfe einseitiger Behandlung zu Punkten, die ich gar nicht erwähne – so emotional aufgeladen ist die Kernenergiefrage, dass manche in meinem Text etwas fanden, das gar nicht drinsteht. Selbstverständlich könnte man vieles andere auch noch erwähnen oder ausführlicher behandeln, aber das muss ich ja nicht alles in diesem Büchlein tun.

Danke für Ihr Interesse!
Elmar Träbert

Hinweise zum Weiterlesen

Es gibt viel Literatur zum Thema, von den reichhaltigen Informationsbroschüren der Industrie (die in der Regel Probleme ausblenden oder »Lösungen« vorstellen, die allenfalls auf dem Papier problemlos funktionieren) und den Materialsammlungen der Kernkraftgegner bis hin zu arg trockenen Fachbüchern. Hier sind nur ein paar Beispiele genannt, die meine Darstellung in der einen oder anderen Weise besonders geprägt haben. Mir ist bewusst, dass einige dieser Bücher älteren Datums sind. Die Radioaktivität wurde aber schon zu Beginn des 20. Jahrhunderts entdeckt, die Kernphysik untersucht schon viele Jahrzehnte lang Atomkerne und ihre Umwandlung, die Grundlagen der Kernreaktoren wurden in den 1940er- und 1950er-Jahren gelegt – das sind alles keine neuen Erkenntnisse, sie sind nur nicht weit genug bekannt.

Haro von Buttlar, Manfred Roth: »Radioaktivität«, Berlin, Heidelberg: Springer-Verlag 1990. Das Büchlein entstand in der Situation nach Tschernobyl und behandelt recht umfassend die kernphysikalischen Grundlagen und die Messung von Radioaktivität sowie die Kernenergiegewinnung auf einer Ebene zwischen Fachbuch und allgemeinverständlicher Einführung. Im nichtwissenschaftlichen Teil des Textes fand ich allerdings auch etliche ärgerliche Sachfehler. Das Buch ist vergriffen, aber vielleicht noch in der Stadtbibliothek zu finden.

Klaus Heinloth: »Die Energiefrage«, Braunschweig/Wiesbaden: Vieweg 1997. Heinloth beschreibt auf der Grundlage einer Materialsammlung für eine Enquete-Kommission des Deutschen Bundestages die Probleme unserer Gesellschaft, genügend Energie zu beschaffen, und er behandelt dazu Kernphysik, Kerntechnik und Energiefragen »satt«. Er ist überzeugt, dass Kernkraftwerke noch viele Jahrzehnte lang gebraucht werden.

Marcus Chown: »Die Suche nach dem Ursprung der Atome. Wie und von wem das Universum entziffert wurde«, deutsche Ausgabe: München: dtv 2002. Hervorragende Darstellung, gut zu lesen.

Peter Pringle, James Spigelman: »Die Atom-Barone. Die unbekannte Geschichte des nuklearen Abenteuers«, deutsche Ausgabe: Unions-Verlag: Zürich 1983. Die Autoren schreiben locker und bisweilen fetzig (und nach dem ersten Drittel hat der Korrektor nicht mehr aufgepasst), aber auf der Grundlage einer Unzahl von Dokumenten und Quellen. Was seither hier und da aus Regierungsarchiven ans Licht gekommen ist, bestätigt diese Darstellung der vielfältigen Interessenverflechtungen und Machenschaften, die der sich seriös gebenden Selbstdarstellung der Branche teilweise hohnsprechen.

Günter Karweina: »Der Megawatt Clan. Geschäfte mit der Energie von morgen«, Taschenbuchausgabe Goldmann: München 1983, Originalausgabe Gruner+Jahr: Hamburg 1981. Die Energieprobleme und die Versprechungen der Kernenergiewirtschaft haben sich in dem Vierteljahrhundert seit dem Erscheinen dieses Buches verblüffend wenig geändert – nur die AEG, die vorher schon ihre Anteile an dem gemeinsam eingerichteten Kraftwerkbauer Kraftwerk Union (KWU) an Siemens abgetreten hatte, ist als einschlägige Firma vom Markt verschwunden.

Klaus Traube, Otto Ullrich: »Billiger Atomstrom? Wie die Interessen der Elektrizitätswirtschaft die Energiepolitik bestimmen«, Rowohlt Taschenbuch Verlag: Reinbek bei Hamburg 1982. Klaus Traube war lange Zeit an gehobener Stelle in der Nuklearwirtschaft tätig, bevor er dort ausstieg und zum Kritiker mit Insiderkenntnissen wurde, vor allem aber zum Energieverschwendungs-Gegner. Das Buch ist dröge, weil voller Fakten und Zahlenbeispiele. Es dokumentiert die Weise, auf die die Kernenergie vor einem Vierteljahrhundert schöngerechnet wurde. Die Vorstellung der Rechenmodelle und Extrapolationen mit handfesten Zahlenangaben ermöglicht es dem heutigen Leser, selbstständig herauszufinden und zu überprüfen, was daraus wurde.

Zu fast jedem Stichwort im Zusammenhang mit Radioaktivität gibt es mittlerweile Auskunft im **WorldWideWeb**, zum Beispiel in der **Wikipedia**. Was ich dort fand, war durchweg sachlich und korrekt dargestellt.

Zum Stand der weltweiten Kernenergieindustrie hat zum Beispiel **Mycle Schneider** (Träger des *Right Livelihood Award,* des sogenannten *Alternativen Nobelpreises*) in den letzten Jahren mehrfach **Statusberichte** erstellt (Links in der Wikipedia zu finden unter http://en.wikipedia.org/wiki/The_World_Nuclear_Industry_Status_Report). Schneider weist darauf hin, dass die Zahl der arbeitenden KKW bereits rückläufig wäre, wenn nicht allenthalben die Laufzeiten verlängert würden, wodurch der Anteil immer älterer KKW wächst.

Das **Atomic Archive** (www.atomicarchive.org) bietet vielfältiges Hintergrundmaterial zur Geschichte der Atomwaffen und den Auswirkungen von Kernexplosionen.

Tabelle zur Strahlenbelastung

Typische Strahlenbelastung (in der Messeinheit Millisievert = tausendstel Sievert) unter Berücksichtigung der unterschiedlichen biologischen Wirksamkeit verschiedener Strahlungsarten, zusammengestellt aus verschiedenen Angaben in: Haro von Buttlar, Manfred Roth: »Radioaktivität«, Berlin, Heidelberg: Springer-Verlag 1990.

Natürliche Strahlenbelastung in Deutschland (pro Jahr)	1
Künstliche Strahlungsquellen (Medizin, Technik, Fallout von Kernwaffenversuchen), pro Jahr	0,6
Nachwirkung von Tschernobyl in Süddeutschland, über 50 Jahre, insgesamt	0,6–4

Medizinische Untersuchung / Bestrahlung einzelner Organe	
Lungenaufnahme	0,05–0,5
Zahnaufnahme, Mammografie	6–30
Szintigrafie der Schilddrüse	4–1000
Nachbehandlung von Krebserkrankungen	20 000–100 000

Kurzzeitige Bestrahlung des ganzen Körpers führt zu baldigen (akuten) Strahlenschäden:	
Vorübergehenden Blutveränderungen	200–1000
Übelkeit, länger andauernde Blutschäden	1000–2000
Erbrechen, Fieber	2000–3000
Erbrechen, Durchfall, Fieber, 50 Prozent Todesfälle innerhalb eines Monats	3000–6000
Sterblichkeit nahezu 100 Prozent	> 6000

In der Krebsnachbehandlung erhalten also einzelne Organe mehr Strahlung (zum gezielten Abtöten von Gewebe), als bei einer Auswirkung auf den ganzen Körper schon tödlich wirken können. Ohne gezielte medizinische Behandlungen oder die Arbeit an kerntechnischen Anlagen erfährt ein durchschnittliches Mitglied der deutschen Bevölkerung in jedem Jahr eine Strahlenbelastung, die etwa tausendmal geringer ist als jene, bei der erste medizinische Effekte bemerkt werden.

Erläuterung von Begriffen und Abkürzungen

AGR Britischer Reaktortyp (Advanced Gas-cooled Reactor) mit Graphit als Moderator und CO_2 als Kühlgas

AKW Atomkraftwerk; korrekter ist die Bezeichnung Kernkraftwerk mit der Abkürzung KKW

Alphastrahlung Kernbruchstücke aus zwei Protonen und zwei Neutronen, die mit typischen Energien von 1–10 MeV aus einem schweren Atomkern (Radium, Polonium, Thorium, Uran usw.) ausgesandt werden; nach dem Abbremsen und dem Einfangen zweier Elektronen wird daraus ein Heliumatom.

Anreicherung In natürlichem Uran ist das leicht spaltbare Uranisotop U-235 nur zu etwa 0,6 Prozent – 0,7 Prozent vertreten, der überwiegende Rest gehört zum Isotop U-238. Leichtwasserreaktoren benötigen in den Brennelementen einen U-235-Anteil von etwa 3 Prozent, Atombomben mit Uran sogar mehr als 90 Prozent. In Anreicherungsanlagen nach dem Gasdiffusionsverfahren oder mittels Ultrazentrifugen wird U-235 in einem Teil der Uranmischung angereichert, im Rest abgereichert.

Antiteilchen Elementarteilchen mit entgegengesetzter elektrischer Ladung, aber ansonsten identischen Eigenschaften. Wenn sie zusammentreffen, vernichten sie sich gegenseitig; ihre Energie wird in Photonenstrahlung umgewandelt. Wenn ein Strahlungsfeld energiereich genug ist, können darin Paare von Antiteilchen entstehen. Beispiel: Elektron und Positron.

Atombombe Allgemeine Bezeichnung für eine auf der Kernspaltung (Fission) schwerer Elemente (Uran, Plutonium) beruhende Bombe, wie sie 1945 auf Hiroshima und Nagasaki abgeworfen wurden. Typische Sprengkraft wie 10–150 Tausend Tonnen TNT (Trinitrotoluol) Sprengstoff.

Atomgewicht Gewicht eines Elementes im Verhältnis zu dem des Kohlenstoffs (C-12), das auf Atomgewicht12 (12 g pro Mol) festgesetzt wurde.

Avogadro-Zahl, Loschmidt-Zahl Anzahl von Atomen bzw. Molekülen in einem Mol der Stoffmenge, die 12 g Kohlenstoff entspricht ($6{,}022 \cdot 10^{23}$ Teilchen / Mol).

Becquerel Nach dem Entdecker der Radioaktivität, Henri Becquerel, benannte Maßeinheit (Abkürzung Bq) der Aktivität in Zerfällen pro Sekunde

Betastrahlung Elektronen oder Positronen aus einem Kernzerfall (Kernumwandlung), meist Umwandlung eines Protons in ein Neutron (unter Aussendung eines Positrons) oder umgekehrt (unter Aussendung eines Elektrons). Im Zuge dieser Umwandlungen werden außerdem Neutrinos bzw. Antineutrinos ausgesandt.

Brutreaktor Soll durch die schnellen Neutronen aus Kernspaltungen mehr U-238 in Plutonium umwandeln, als er selbst an U-235 verbraucht, also zusätzlichen Kernbrennstoff erbrüten. Es wird auch vorgeschlagen, hochradioaktives Material mittlerer Halbwertszeit (Tausende von Jahren) durch intensive Neutronenbestrahlung in kürzerlebige Isotope umzuwandeln (Halbwertszeiten von unter 100 Jahren), damit die Endlagerung für diesen Anteil nicht so lange dauern muss. Die Prototypen haben anscheinend bisher die Erwartungen nicht erfüllt.

Candu Kanadischer Reaktortyp mit schwerem Wasser (D_2O) als Moderator und Kühlmittel; der Reaktor arbeitet mit Natururan, ohne Anreicherung.

Containment Extrem widerstandsfähige Betonhülle um den nuklearen Teil eines Kernkraftwerkes; soll den Reaktor vor Beschädigung von außen bewahren und die Außenwelt vor radioaktiven Freisetzungen aus dem Reaktor.

Curie, Marie Sklodowska aus Polen beendete ihr Chemiestudium in Frankreich und beschäftigte sich dort intensiv mit den neuen radioaktiven Stoffen. Sie entdeckte und isolierte (in nennenswerten Mengen zur Erforschung ihrer Elementeigenschaften) Radium und Polonium. Heiratete ihren Kollegen Pierre Curie. Wurde für ihre Arbeiten mit dem Chemie-Nobelpreis ausgezeichnet; nach ihr ist die alte Maßeinheit für Radioaktivität bezeichnet: 1 Curie (Abkürzung Ci) ist die Aktivität von »1 g

frischen Radiums im Gleichgewicht mit den Folgeprodukten«
oder 37 Milliarden Bq.

Deuteron, Deuterium Das Deuteron ist der Kern des Schweren
Wasserstoffs und besteht aus einem Proton und einem Neutron; wenn es mit einem Elektron zusammenkommt, bildet
das Deuteron als Kern mit diesem Elektron zusammen ein
Deuteriumatom. Im Universum und damit auch auf der Erde
sind Deuteriumatome etwa 10 000-Mal seltener als Wasserstoffatome.

DNS Desoxyribonukleinsäure, englische Abkürzung DNA; Rie-
senmolekül, das die Erbinformation in der Zelle aufbewahrt.
Mit einer anderen Rolle, aber ähnlich groß: Ribonukleinsäure
(RNS).

Druckwasserreaktor So wie in einem Dampfkochtopf schneller
gegart werden kann, weil unter Druck das Sieden erst bei höheren Temperaturen als 100 °C eintritt, kann auch der Primär-
Kühlwasserkreislauf eines Kernreaktors (oder der Dampfkes-
sel eines konventionellen Kraftwerks) vorteilhaft unter hohem
Dampfdruck und höheren Temperaturen betrieben werden.
Erst in einer zweiten Stufe wird – durch die Wände eines Wär-
metauschers getrennt – der Dampf erzeugt, der dann die Turbinen antreibt, die ihrerseits die Stromgeneratoren antreiben.
Derzeitig bei Reaktoren in Deutschland die häufigste Bauform
(Siemens). Geht auf ein Design und Lizenzen von Westing-
house zurück.

Elektron Leichtes Elementarteilchen, bildet die Hüllen von Atomen, die für die chemischen Bindungen mit anderen Stoffen
sorgen. Elektronen nehmen auch an Kernreaktionen wie Elek-
troneneinfang oder Betazerfall teil.

Elektronvolt (eV) In der Atom- und Kernphysik übliche Energieeinheit. Eigentlich ist das die Bewegungsenergie, die ein elektrisch einfach geladenes Teilchen gewinnt, wenn es zwischen
zwei Orten wandert, zwischen denen eine Potenzialdifferenz
von 1 Volt herrscht. Umrechnung zur Energieeinheit in unserer
makroskopischen Welt: $1\ \text{eV} = 1{,}6 \cdot 10^{-19}$ J (Joule).

EPR Europäischer Druckwasserreaktor als Gemeinschaftsent-

Moderator Die Spaltung von U-235-Kernen setzt schnelle Neutronen frei. Sie sind nicht gut geeignet, weitere Kerne zu spalten und so eine Kettenreaktion aufrechtzuerhalten. Die Wahrscheinlichkeit, einen getroffenen Uran-Atomkern zu spalten, ist viel größer für langsame (»thermische«) Neutronen, also bremst (»moderiert«) man die schnellen Neutronen in einem Moderator ab und kann zugleich durch die Steuerung des Neutronenflusses den Reaktor in seiner Leistung regeln. In den gasgekühlten britischen Reaktoren geschieht die Moderation in Graphit (reinem Kohlenstoff), in den industriell am weitesten verbreiteten Reaktormodellen übernimmt das Kühlwasser diese Rolle. Wenn »das Wasser kocht« und sich Dampfblasen bilden (oder das Kühlwasser ausläuft), ist dort weniger Moderatormaterial vorhanden, die Kettenreaktion wird gebremst – ein Vorteil. Es lässt dann aber auch die Kühlung nach – in gewissen Situationen ein großes Problem.

Megawatt (MW) Leistungsangabe, hier Millionen Watt; typische Kernkraftwerke haben heute eine elektrische Leistung von 1300 MW = 1,3 Gigawatt (GW)

Natururan Uran mit der üblichen Zusammensetzung von etwa 0,7 Prozent U-235 und etwa 99,3 Prozent U-238

Neutron Kernbaustein ohne elektrische Ladung, etwas schwerer als das Proton; ist in ungebundenem Zustand (»freies Neutron«) nicht stabil, zerfällt in ein Proton, ein Elektron und ein Antineutrino. Neutronen aus spontanen Kernspaltungen können andere Kerne zur Spaltung anregen und setzen damit in Reaktoren oder Kernwaffen die Kettenreaktion in Gang.

Nukleon Kernbaustein (Proton oder Neutron), etwa 2000-Mal schwerer als ein Elektron; Nukleonen üben aufeinander die starke Kernkraft aus.

Positron Elektrisch positiv geladenes Antiteilchen des Elektrons – genauso leicht, genauso klein, nur anders geladen

Proton Elektrisch positiv geladenes Nukleon; die elektrische Ladung jedes Protons ist genauso groß wie die negative Ladung des Elektrons, dadurch kann für jedes Proton im Kern ein Elektron in der Atomhülle gebunden werden.

Radon Schweres, radioaktives Edelgas, entsteht beim radioaktiven Zerfall verschiedener schwerer Elemente wie Uran, Thorium und Radium.

Röntgenstrahlung Durchdringende Photonenstrahlung aus der Atomhülle, typische Energie 1–100 keV, also viel weniger energiereich als Gammastrahlung. Dient zum Beispiel der Materialanalyse in Menschen (Knochenschäden, Zähne, Lunge) und Kraftwerk (Überprüfung von Schweißnähten).

Schneller Brüter Brutreaktor, der mit schnellen Neutronen aus Kernspaltungen andere schwere Kerne umwandelt, sodass auch sie anschließend als Kernbrennstoff für Reaktoren genutzt werden können. Als Kühlmittel wird flüssiges (heißes) Natriummetall verwendet. Die amerikanischen, deutschen (Kalkar) und französischen (Superphenix) Brüterprojekte wurden abgebrochen bzw. wegen zu schwerwiegender technischer Probleme wieder eingestellt. In Japan ist ein Brüter noch in Betrieb. Bisher bleibt die Ausbeute wesentlich hinter den Erwartungen zurück.

Schweres Wasser Enthält das schwere Isotop (Deuterium) des Wasserstoffs anstelle des leichten: D_2O statt H_2O. Dient zur Moderation und Kühlung in Schwerwasserreaktoren.

Schwimmbadreaktor (Swimming pool) Die Brennstäbe tauchen in ein offenes Wasserbecken ein, man kann also unter Wasser die Brennelemente beobachten; veraltetes Forschungsgerät, nicht als Leistungsreaktor geeignet.

Sellafield/Windscale Britische Wiederaufarbeitungsanlage im Nordwesten Englands an der Irischen See

Siedewasserreaktor Leichtwasserreaktor, in Deutschland anfangs von der AEG vertriebene Baulinie, wird anscheinend nicht mehr weiterverfolgt. Der Dampf aus dem Reaktorbehälter treibt direkt die Turbinen an. Geht auf ein Design und Lizenzen von General Electric zurück.

Sievert Äquivalentdosis, Maß für die von einem lebenden Körper aufgenommene Strahlung, wird aus der Angabe in Gray (physikalischer Prozess) durch Multiplikation mit einem biologischen Bewertungsfaktor ermittelt. Dieser Faktor liegt zwischen 1 (für Gammastrahlen) und 20 (für besonders schädliche langsame Neutronen). Die Strahlenbelastung in Sievert erlaubt es, voraussichtliche Strahlenschädigungen abzuschätzen. Abkürzung Sv. Alte Einheit rem (Roentgen equivalent man); 100 rem = 1 Sv. Ein Millisievert ist ein Tausendstel Sievert, ein Mikrosievert wiederum ein Tausendstel davon, also ein Millionstel Sievert.

SNR Natriumgekühlter Brutreaktor, der mit schnellen Neutronen arbeitet und aus weniger geeigneten Isotopen schwerer Elemente solche machen soll, die sich als Kernbrennstoff eignen (Brüten von mehr neuem Brennstoff, als er selbst an altem verbraucht); Beispiel *Superphenix* in Frankreich, der nach etlichen Pannen mit dem heißen Natriummetall – brennt bei Kontakt mit Wasser – wieder außer Betrieb genommen wurde. Deutsches Projekt in Kalkar aufgegeben, mehrere Anlagen in den USA aufgegeben. Kleiner Brutreaktor in Monju in Japan.

SuperGAU → **GAU**

Supernova Ein Stern, der viel mehr Masse enthält als unsere Sonne, wird irgendwann in seiner Entwicklung instabil. Unter den möglichen Entwicklungen ist die Nova, die vorübergehend so viel heller scheint als zuvor, dass sie wie ein neuer Stern (daher der Name) wirkt. Ein spezieller Typ besonders energiereicher Sternexplosionen heißt Supernova; diese Explosionen sind so hell, dass wir sie sogar in weit entfernten anderen Galaxien bemerken.

THTR Thorium-Hochtemperatur-Reaktor, mit Thorium betriebener und mit Helium gekühlter Kugelhaufen-Reaktor in Hamm-Uentrop. Aufgegeben, teilweise abgebaut.

Tritium Isotop des Wasserstoffs mit zwei zusätzlichen Neutronen; Halbwertszeit etwa 12 Jahre, wandelt sich durch einen recht energiearmen Betazerfall in He-3 um.

Uran Element mit Kernladungszahl Z=92. Das besonders häufige Isotop mit der Massenzahl 238 (U-238) kann durch Beschuss mit schnellen Neutronen im Reaktor in Plutonium (Pu-239) umgewandelt werden. U-235 ist das für Kernreaktoren und Kernwaffen gebräuchliche Isotop.

UV-A, UV-B sind die Wellenlängenbereiche, die auf der kurzwelligen Seite unmittelbar an den Bereich des sichtbaren Lichts anschließen. Sie liegen also im nahen Ultraviolett, das unsere Augen zwar nicht sehen, das aber von der Erdatmosphäre noch durchgelassen wird. UV-B ist die Strahlung mit der höheren Energie, die auch leichter zum Sonnenbrand führt.

WAA Wiederaufarbeitungsanlage für Brennelemente aus Kernreaktoren. Darin werden die hochradioaktiven Brennstäbe geöffnet und die enthaltenen radioaktiven Stoffe weitgehend getrennt. Ein Teil davon kann in neue Brennelemente eingebaut werden, der stark radioaktive Anteil wird gelagert. Das deutsche WAA-Projekt in Wackersdorf wurde vor der Fertigstellung wieder aufgegeben.

Wasserstoffbombe Fusionsbombe mit Deuterium und Tritium, die durch eine klassische Fissionsbombe (Uran oder Plutonium) gezündet wird. Die größte getestete Wasserstoffbombe hatte eine Sprengkraft entsprechend 60 Mt (60 Millionen Tonnen) herkömmlichen Sprengstoffs. Kleine Wasserstoffbomben werden als Neutronenbombe bezeichnet, weil der Neutronenanteil der radioaktiven Strahlung an der Gesamtwirkung relativ hoch ist.

Wirkungsgrad Das Verhältnis von gewonnener Energie zu aufgewendeter Energie nennen wir Wirkungsgrad. Der Wirkungsgrad ist für abgeschlossene Systeme immer kleiner als eins: »Verluste gibt es immer.« Der thermodynamische Wirkungsgrad beschreibt eine ideale Maschine, die nur mit Wärmekraft (durch Abkühlung) arbeitet; hier ist der höchste denkbare Wirkungsgrad durch das Verhältnis aus Anfangstemperatur minus Auspufftemperatur zur Anfangstemperatur gegeben (auf der absoluten Temperaturskala). Nur wenn der »Auspuff« bei der (unerreichbaren) Temperatur 0 K liegt, kann der Wirkungsgrad gleich eins sein – *jede* praktische Wärmekraftmaschine (nach dem genannten Grundprinzip) hat einen kleineren Wirkungsgrad als die ideale Maschine. Eine Wärmepumpe kann einen höheren Wirkungsgrad als eins erreichen, weil sie Energie aus einem äußeren Vorrat bezieht und sie weitertransportiert.

Stephanie Cooke. Atom. Die Geschichte des nuklearen Irrtums.
KiWi 1242. Verfügbar auch als ⌐Book

Stephanie Cookes umfassende und spannend erzählte Geschichte des Nuklearzeitalters zeigt, dass wir uns umgehend von der Atomtechnologie verabschieden müssen, wenn wir weitere Katastrophen wie zuletzt im japanischen Fukushima verhindern wollen.

»Brisantes Material zur Geheimsache Atom« *FAZ*

www.kiwi-verlag.de